U0380835

国家重点音像出版规划
《一技之长闯天下》多媒体丛书

茶艺师技能培训多媒体教程

——怎样做好一个茶艺师

公刘子茶道组织编写

中国农业出版社

图书在版编目（CIP）数据

茶艺师技能培训多媒体教程：怎样做好一个茶艺师
/公刘子茶道组织编写 . 一北京：中国农业出版社，
2012.1（2020.9重印）
（《一技之长闯天下》多媒体丛书）
"十二五"国家重点音像出版规划
ISBN 978-7-109-16442-0

Ⅰ.①茶… Ⅱ.①公… Ⅲ.①茶-文化-技术培训-
教材 Ⅳ.①TS971

中国版本图书馆CIP数据核字（2011）第268988号

中国农业出版社出版
（北京市朝阳区农展馆北路2号）
（邮政编码100125）
责任编辑 李 夷 刁乾超

中农印务有限公司印刷 新华书店北京发行所发行
2012年1月第1版 2020年9月北京第2次印刷

开本：787mm×1092mm 1/32 印张：7
字数：145千字
定价：38.00元
（凡本版图书出现印刷、装订错误，请向出版社发行部调换）

图书编写人员名单

主　　编　周文棠
副 主 编　虞富莲　胡旭英
编　　委　程小红　周春江　韩元康　陈小桃
校　　稿　郑雯嫣　张利云　胡旭丽　王龚靓

音像制品编制人员名单

监　　制　　刘爱芳

出 品 人　　刁乾超

制 片 人　　李　夷

科学顾问　　周文棠　　虞富莲　　胡旭英

责任编辑　　李　夷

摄　　像　　李　夷

后期剪辑　　赵丽超　　王　怡　　李　夷

配　　音　　赵丽超　　焦晓靖

制片主任　　全　聪

校　　稿　　李　夷　　张林芳　　赵丽超

出镜人员　　周文棠　　胡旭英　　程小红
　　　　　　胡旭丽　　周春江　　潘胜峰
　　　　　　焦晓靖　　张利云

编　　辑　　杨艺　　霍佳蕊　　陶江
　　　　　　陈亚芳

目录

视频目录

第一讲

茶艺师职业

一、茶艺师职业的兴起

考察人类社会的发展，从原始狩猎时代开始，由于环境恶劣，生存需要，人们必须成群结队，团结协作，才能生存。如男人打猎，妇女采摘果实、哺育孩子，各司其职，这是种族繁衍的需要。团队内要有人去种粮食，要有人去造房子，要有人保家卫国。因此，逐渐产生了分工。

封建社会时代的分工，大致是"士、农、工、商、兵"，读书人、知识分子、官吏可称"士"；栽种、养殖可称"农"；工匠、手艺人可称"工"；商品流通，从事买卖可称"商"；士兵、捕快之类可称"兵"。

"小农经济"也可以说是自然经济，其特点：一是分散，二是不依赖其他人，自我循环的经济，如自己种粮食、自己砍柴、自己养猪、自己种蔬菜。

社会进步的标志，是生产效率的提高，因为专业从事某一工作的人有特别娴熟的技术，可以大幅度地提高劳动生产率，质量比较好，产量特别高。因此，随着社会的进步，社会分工愈来愈细，过去我们讲"三百六十行，行行出状元"，现在的行业远远超过了三百六十行。比如"西式面点师"、"插花师"、"营养师"、"心理咨询师"等均是新的工种。另一方面，有的工种悄悄的消失了，如磨剪刀的、捅烟囱的，这是社会发展的必然结果。

中国自唐代创建茶馆，自"茶圣"陆羽被唐代御史大夫李季卿称为"茶博士"后，历代茶馆内的泡茶师傅多被人们称之为"茶博士"。20世纪90年代末，由于各大中城市新开设大量茶艺馆，这类茶艺馆与以往的老式茶馆不同，讲究茶水沏泡技艺，讲究休闲环境氛围的营造，需要懂茶艺的人来进行优质的服务，在这样的社会需求下，1999年6月，作者在浙江省杭州市组织培训了第一批茶艺员，1999年11月在浙江省杭州市组织培训了第一批茶艺师，由浙江省劳动厅颁发职业技能证书。以此为契机，在浙江省劳动厅培训处领导的建议下，通过浙江省劳动厅向国家劳动部申报茶艺师职业工种载入《中华人民共和国职业分类大典》，从此茶艺师成为了一个新兴的职业工种。

二、茶艺师职业技能与等级

茶艺师从事的工作主要包括：一是根据茶叶的品质，选择相宜的水质、水量、水温和冲泡器具，进行茶水艺术冲泡；二是选配茶点；三是向顾客介绍名茶、名泉及饮茶知识、茶叶保管方法、饮茶与人体健康等茶文化知识；四是按不同茶艺类型要求，选择环境、布置环境及茶席，并配置相应的音乐、服装、插花、熏香等。

茶艺师国家职业共设5个等级，分别为：初级（国家职业资格五级）、中级（国家职业资格四级）、高级（国家职业资格三级）、技师（国家职业资格二级）、高级技师（国家职业资格一级）。

目前，涉及茶的职业工种有3类，制茶工、评茶员（评茶师）和茶艺师。制茶工是制作茶叶的技工；评茶员（评茶师）职业工种是开茶叶店或从事茶叶贸易中进行茶叶质量鉴别；茶艺师是茶水服务与茶艺演示，适宜茶楼（茶馆）接待、服务等工作。

若想成为一名茶艺师，可至国家批准的茶艺师培训机构报名参加茶艺师培训，然后参加考核，分理论考核与操作技能考核两种考试，理论考试是考核茶艺师应该掌握的茶文化历史知识、茶叶基础知识、茶艺知识、茶艺美学等内容；操作技能考核各类茶的沏泡，包括茶具与水的选配、沏泡茶的程序合理、茶汤质量、语言表达、形体姿势、礼仪运用、茶品识别等。两种考核及格就能获得相应级别的国家茶艺师职业技能证书。不及格，再学习后补考。

根据国家相关部门的规定，考生须具备一定的资历，如学历、专业工作时间、年龄等报相应级别的茶艺师。具体条件如下：

初级茶艺师（国家五级技能）（具备以下条件之一者）：

（1）经本职业初级正规培训达规定标准学时数，并取得毕（结）业证书。

（2）在本职业连续见习工作2年以上。

中级茶艺师（国家四级技能）（具备以下条件之一者）：

（1）取得本职业初级职业资格证书后，连续从事本职业工作3年以上，经本职业中级正规培训达规定标准学时数，并取得毕（结）业证书。

（2）取得本职业初级职业资格证书后，连续从事本职业工作5年以上。

（3）取得经劳动保障行政部门审核认定的、以中级技能为培养目标的中等以上职业学校本职业（专业）毕业证书。

高级茶艺师（国家三级技能）（具备以下条件之一者）：

（1）取得本职业中级职业资格证书后，连续从事本职业工作3年以上，经本职业高级正规培训达规定标准学时数，并取得毕（结）业证书。

（2）取得本职业中级职业资格证书后，连续从事本职业工作7年以上。

（3）取得高级技工学校或经劳动保障行政部门审核认定的、以高级技能为培养目标的高等职业学校本职业（专业）毕业证书。

（4）取得本职业中级职业资格证书的大专以上本专业或相关专业毕业生，连续从事本职业工作2年以上。

茶艺技师（国家二级技能）（具备以下条件之一者）：

（1）取得本职业高级职业资格证书后，连续从事本职业工作5年以上，经本职业技师正规培训达规定标学时数，并取得毕（结）业证书。

（2）取得本职业高级职业资格证书后，连续从事本职业工作7年以上。

（3）取得本职业高级职业资格证书的高级技工学校本职业（专业）毕业生，连续从事本职业工作3年以上。

高级茶艺技师（国家一级技能）（具备以下条件之一者）：

（1）取得本职业技师职业资格证书后，连续从事本职业工作4年以上，经本职业高级技师正规培训达规定标准学时数，并取得毕（结）业证书。

（2）取得本职业技师职业资格证书后，连续从事本职业工作5年以上。

由于饮茶在中国具有广泛的社会性，雅俗共赏。俗者，"柴米油盐酱醋茶"，茶与人们的日常生活须臾不离；雅者，

"琴棋书画诗歌茶"，茶被文人雅士作为雅艺文化的重要内容。再者中国茶文化是中国传统文化的精粹，学习茶艺师课程不但可以增进对自然科学的了解，加深对传统文化的了解，还可以培植礼仪、涵育审美情趣、培养动手操作能力、锻炼语言表达能力等。因而学习茶艺不仅能掌握职业技能，还可以丰富业余生活，增添生活情趣。所以，有愈来愈多的家庭主妇、学生、白领、教师参与了茶艺、茶道文化研修。

三、茶艺师职业道德修养

(一) 职业道德的概念及含义

职业道德是指从事一定职业的人在工作或劳动过程中，应当遵循的与其职业活动紧密联系的道德规范的总和。

它既是对本职业人员在职业活动中约束的要求，同时又是该职业对社会所负的道德责任和义务。职业道德是调节同职业对象之间的关系，是社会道德的组成部分。在人类历史上，职业道德是伴随着社会分工和社会职业的出现萌芽和产生的，它是人类职业生活实践的产物。

遵守职业道德有利于提高茶艺师的素质与修养，有利于形成茶艺行业良好的职业道德规范。

(二) 茶艺师职业道德规范的内容

作为茶艺师，应认真研究茶馆行业的特点，以及适应由此而产生的职业道德要求。如服务态度的要求，良好的服务态度主要体现在主动、热情、耐心、周到、规范。客人走进茶艺馆，迎宾小姐要主动问候，并按客人的意向引座、品茶，最后是送客、道别。茶艺服务中通过语气、表情、声调等与品茶客人交流时要语气平和、态度和蔼、热情友好。尽心尽职充分发挥主观能动性，用自己最大的努力尽到自己的职业责任。

诚信是一种社会公德，它的作用是树立信誉，树立起值得他人信赖的道德形象。钻研业务、精益求精具体体现在茶艺师不但要主动、热情、耐心、周到地接待品茶客人，而且必须熟练掌握对不同茶品的沏泡方法。

茶艺师必须遵守的职业守则是遵纪守法、热爱专业、忠于职守、热情服务、真诚守信、精益求精。

茶艺师职业工种的产生

茶艺师的准入门槛

茶艺礼法

茶艺的基本姿势

第二讲
礼仪训练与实践

礼仪的"礼"字指的是尊重，即在人际交往中既要尊重自己，也要尊重别人。古人讲"礼仪者敬人也"，实际上是一种待人接物的基本要求。"仪"是指人的外表或举动，如仪态、仪表、威仪；"仪"也指按程序进行的礼节，如仪式、仪仗、司仪。礼仪就是律己、敬人的一种行为规范，是表现对他人尊重和理解的过程和手段。

从个人修养的角度来看，礼仪可以说是一个人内在修养和素质的外在表现。从交际的角度来看，礼仪可以说是人际交往中适用的一种艺术、一种交际方式或交际方法，是人际交往中约定俗成的示人以尊重、友好的习惯做法。从传播的角度来看，礼仪可以说是在人际交往中进行相互沟通的技巧。可以大致分为政务礼仪、商务礼仪、服务礼仪、社交礼仪、涉外礼仪等。

在茶艺文化中，对礼有特定的概念表述，可表述为：由内心而发的对他人、对世界万事万物的尊敬。并且，茶人可以认为，此礼是功利性的，有目的的，那么是什么目的呢？尊敬对方是为了能学到对方的长处，汲取对方的优点成为自身的长处，从而增加自我素养。

茶艺师的礼仪内容更多涉及服务礼仪、社交礼仪、商务礼仪内容，并且具有更多的中国传统文化内涵，因而在茶艺师礼仪方面既有普及性的礼仪内容，也有其独特性。弘扬传统茶艺文化，其中一个很重要的原因，就是茶人欲以饮茶为切入点，弘扬礼仪文化，涵育人的审美情趣，并以此影响茶人周边的人，不断提高人文素养，进而促进社会精神文明。

一、仪表仪容与仪态

一个人的仪表、仪态，是其修养、文明程度的表现。古人认为，举止庄重，进退有礼，执事谨敬，文质彬彬，有助于素养的不断提升。主要有如下两个方面。

（一）衣着容貌

《弟子规》要求："冠必正，纽必结，袜与履，俱紧切"。这些规范，对现代人来说，仍是必要的。帽正纽结，鞋袜紧切，是仪表仪容的基本要求。如果一个人衣冠不整，鞋袜不正，往往会使人产生没修养的感觉。

当然，衣着打扮，必须适合自己的职业、年龄、生理特征、相处的环境和交往对象的生活习俗，进行得体大方的选择。浓妆艳抹，矫揉造作，只会适得其反。

外在形象是一种无声的语言，它反映出一个人的审美情趣与人文修养，具有优雅的仪表，能给人们带来美的享受，获得人们的尊敬。

（二）行为举止

具体说来，中国古人给我们留下了非常宝贵的精神财富。"立如松，坐如钟，行如风，卧如弓"，就是脍炙人口的行为举止的规范要求，虽然短短 12 个字，若遵守此要求，就会有端庄大方的形态体现；茶艺文化中的沏泡茶的各种动作，礼仪表现的各个方面实际上就是这"12 个字"的进一步细化，是培育茶艺师养成良好仪容仪表的方法和途径，如投茶技法、注水技法、奉茶技法等，从角度、运动路线、水流粗细等进行细化与规范，从指法细腻，动作流畅娴熟等进行规范，久而久之，就能涵育优雅的气质。

行为举止的另一方面，《论语·颜渊》有曰："非礼勿视，非礼勿听，非礼勿言，非礼勿动"，说的是不符合礼仪的内容不要去看；不符合礼仪的话不要听；不符合礼仪的话不要讲；不符合礼仪的举动不要做。处处合乎礼仪规范，就是修养的又一体现。如此就是楷模，是人们的榜样，是为人师表的表现。

二、行礼姿势练习

在茶艺师学习与工作中，人们感觉"行礼"十分明显的往往是三个方面，第一是迎接客人光临，如茶艺馆的迎宾，在客人光临时，弯曲身体，说："欢迎光临!"在茶艺表演开始时，茶艺师会欠身向宾客行礼，说："各位嘉宾下午好!欢迎观看某某茶艺表演!"第二是送别客人时，如茶艺馆的迎宾，在客人临走时，弯曲身体，说："请慢走，欢迎再次光临!"在茶艺表演结束时，茶艺师会欠身向宾客行礼，说："某某茶艺表演到此结束，谢谢各位!"第三是奉茶(敬茶)的动作、姿势与语言表达，一边弯曲身体，一边行奉茶礼，一边说："请品茶"(请用茶)。

在规范的茶艺馆工作过的茶艺师，了解"行礼"的内容是十分广泛的，如遇到宾客要行礼欠身致礼，并说："您好!"替客人更换果壳器皿，要说："对不起，打扰一下"等。

是不是对他人有礼貌，是不是尊敬他人，对方是很容易体会到的。如眼神、表情、动作、姿势、语言、物品准备及环境布置。由此而言，茶艺师在茶艺表演或茶艺服务工作中，应明白，礼是具有时间跨度的，具有前瞻与后延。

如前瞻，当宾客将要来临时，场所需要整洁，物品堆放有序，明窗净几，空气清晰，温度适宜。接待的茶艺师或茶艺表演者要服装得体、整濯，熨烫挺括，发型符合茶艺师的风范，且适当淡妆，以示重视接待的客人。相反，场所物品堆放零乱，卫生差，或衣饰不整，可想而知，主人并不是十分尊敬宾客的。

如后延，主要体现在接待服务的依依不舍的那种味道，最常见的是，"请慢走，欢迎再次光临！"其他有馈赠小礼品，替客人提行李、拎包裹，替客人拉开车门，关上车门、礼陈再三。让宾客体会到"人走茶不凉"的亲和力。

因而行礼的内容大致包括：弯曲身体的适当程度，相宜的肢体语言、谦逊的语言表达、恭敬的表情与眼神。而从对宾客的礼的整体考察，包括了茶艺接待、表演、服务的前瞻、过程与后延。在过程中，礼可体现到每一个瞬间。

（一）站立礼练习

站立时双脚并拢，女性双手交叉叠放于腹部。男性手臂下垂，紧贴腿部。弯腰鞠躬。按礼的轻重，或对宾客尊敬的程度，分别弯腰 15°、45°、60°、90°来区分。弯曲幅度愈大，表示对对方尊敬的程度愈大。行礼的要点是弯腰，不是弯背，所以上身是直的。若弯背，就是虾形了，不美观。行礼时，距离对方在二、三步之外，双脚立正，两手手背向外，以身体上部向前倾，而后恢复原姿为礼。

（二）座式礼练习

座礼是坐着时的行礼，有席地而坐行礼，有坐于椅子或凳子上的行礼，坐式正面礼，坐式左侧礼，坐式右侧礼。

（三）跪式礼练习

跪礼是跪坐时的行礼，跪坐式正面礼，跪坐式左侧礼，跪坐式右侧礼。

女性"跪座"，是座礼中一项很重要的礼仪，其他姿势与"正座"相同，区别在脚上。双脚背接地，足尖放平，臀部压在足跟上。

（四）手势礼练习

在许多茶艺活动中还用手势作为礼节的表达，它是一种形体语言，能够比较鲜明的表达内在的情感，手势运用的自然、大方、得体，使人感到既寓意清晰又含蓄高雅，它的作用有时是语言所不能及的。手势礼分横摆式和斜式，横摆式是行礼者用右手，自左向右摆动，是肢体语言表达的一种，斜式，是行礼者用右手，自身体右侧斜出向右摆动。

（五）蹲曲礼练习

在某些茶艺活动中还以蹲曲身体的姿势作为礼节的表达，它是一种形体语言。蹲曲礼有交叉式蹲姿和高低式蹲姿等，蹲的姿势常用于茶艺活动中的捧茶盘奉茶和递器物等表示对宾客的尊敬。

（六）奉茶礼练习

奉茶礼（敬茶、献茶、上茶）源于呈献物品给位尊者的一种古代礼节，奉茶礼是茶艺活动中常用的一种动作，多用双手递物（特殊情况除外），表现出恭敬与尊重的态度。一般情况下不用单手奉茶与接茶。在日本茶道活动中，奉茶时要注意，要将茶杯正面对着接茶的一方，若接茶宾客有意识尊重奉茶者，也应将茶杯正面朝向奉茶人。这是宾客之间"礼陈再三"的表现，体现着双方互尊的文明修养。

在茶艺活动中，茶艺师把沏泡好的茶水恭敬地端上茶几、茶桌，或恭敬地端给品饮者，宾客接茶时人要有稍前倾的姿势，用双手接过时，应点头示意或道谢。奉茶者斟茶水一般至七八分满为宜，是传统礼节"浅茶满酒"的体现。

（七）欠身和弯腰礼（鞠躬礼）练习

源自中国，指弯曲身体向尊贵者表示敬重之意，代表行礼者的谦恭态度，礼由心生，外表的弯曲身体，表示了内心的谦逊与恭敬。现在是日本、韩国、朝鲜常用的人际交往礼节。由于传统文化及中日茶道交流的影响，鞠躬礼成了茶艺活动中最常用的礼节之一。一般而论弯腰度数越大，表示越恭敬。茶艺活动中常用在奉茶后，手托茶盘离去时的礼节表达。

（八）其他礼节

茶艺活动中尚有馈赠小礼物、起立、鼓掌、欠身等礼节。馈赠小礼物亦是礼仪的表达方式之一，俗话说"礼轻情意重"，适宜的小礼品，可以增进双方的感情，有利于人际关系的和谐。礼物应合于茶道氛围，有些需用合适的包装，选择的时机可在茶艺活动临近结束或结束后，使人意犹未尽、话久情长的感觉；茶道活动中的起立是位卑者向位尊者表示敬意的礼貌举止，通常在迎候或送别嘉宾、年长者时使用；鼓掌是对表演者、献技者、讲话者的赞赏、祝愿、鼓励，是向他们表示祝贺的礼貌举止。

三、茶艺师站姿、走姿、坐姿练习

（一）茶艺师站姿礼仪

受到人们尊重的人，受到宾客关注的人往往不是长得漂亮的人，而是仪态比较美的人。而仪态美的人，是指每时每刻表现出来的瞬间美，比如：站的姿势、坐的姿势等，茶艺师站姿优美，坐相娴雅，举止端庄稳重，落落大方，自然优美。仪态指人们在交际活动中的举止所表现出的姿态和风度。

站姿要点：上身正直、挺胸收腹、腰直肩平、两臂自然下垂、两腿相靠站直。

站姿有三种：侧放式、前腹式、后背式。

站立要端正，眼睛平视，嘴微闭，面带微笑；女性茶艺师两腋夹"球"双手腹前交叉，右手叠放在左手上，以保持向客人提供服务的最佳状态（前腹式），双手手指并拢，尽量缩小手的面积，体现细腻、优雅，双脚并拢或呈"V"字型，双膝靠紧，两个脚后跟靠紧；男性茶艺师站立时，双脚与肩同宽；站立时要防止重心偏左或偏右；双手呈侧放式或前腹式等。站立时双手不可叉在腰间，也不可抱在胸前；站立时身体不能东倒西歪；站累时，脚可以向后撤半步，但上体仍须保持正直，不可把脚向前或向后伸得过多或叉开很大。

（二）茶艺师走姿礼仪

走姿是站姿的延续动作，是在站姿的基础上展示人的动态美。无论是在日常生活中还是在社交场合，走路往往是引人注目的肢体语言，能体现人的风度和活力。

1. 走姿的要求和练习 走姿的要求是有"美丰姿"的形象体现，如亭亭玉立，体态柔美，神采飘逸、丰姿绰约等均是描写人体的优美姿态的。女士可以步履轻盈、匀称、端庄、文雅，显示温柔之美。男士步伐稳重、大方，适当快捷，可体现干练与效率。

走姿的练习，要求走的时候，目光正视前方，双臂自然下垂，手掌心向内，并以身体为中心前后自然摆动。上身挺拔，腿部伸直，腰部放松，脚步要轻并且富有弹性和节奏感。

走路时上身基本保持站立的标准姿势，挺胸收腹，腰脊笔直；两臂以身体为中心，前后自然摆动。前摆约35°，后摆约15°，手掌朝向体内；起步时身子稍向前倾，重心落前脚掌，膝盖伸直；脚尖向正前方伸出，行走时双脚踩在一条线缘上。

在练习时，我们可用"头虚顶"的方法，仿佛有一本书在头上，然后用前脚慢慢地从基本站立姿势起步走。开始虽然不自然，但经过多次训练，可以培养成良好的走姿，是一种很有效的方法，关键是走路时要摆动大腿关节部位，而不是膝关节，才能使步伐轻捷。

2. 几种特殊情况下的走姿要求

（1）茶艺师陪同引导宾客时：在接待服务过程中，如茶楼迎宾，在陪同引导宾客时，应注意方位、速度及体位等，如：双方并排行走时，陪同引导人员应居于左侧。宾客不熟悉前进方向时，茶艺师应该走在前面、走在外侧；茶艺师走的速度要考虑到和宾客的协调，不可以走得太快或太慢，要处处以贵宾为中心。茶艺师在陪同宾客经过拐角、楼梯或道路坎坷、照明欠佳的地方，都要提醒宾客留意。

（2）上下楼梯时：上下楼梯时，茶艺师要注意礼让别人。不要和别人抢道。当引导客人时，上下楼梯时茶艺师就要走在前面。

（3）和宾客一起先后出入房门时：为了表示自己的礼貌，应当自己后进门、后出门，而请对方先进门、先出门。在陪同引导宾客时，还有义务在出入房门时替对方拉门或是推门。在拉门或推门后要使自己处于门后或门边，以方便宾客的进出。

3. 其他情况下的走姿

（1）走进会场、走向话筒、迎向宾客，步伐要稳健、大方。

（2）进入办公机关、拜访别人，在室内脚步应轻而稳。

（3）办事联络，步伐要快捷、稳重，以体现效率、干练。

（三）茶艺师坐姿礼仪

人们对生活中的基本礼貌礼仪大都会比较注重，出于礼貌，在公众面前都会以收敛的态势，从而让自己表现出优良的举止。坐姿礼仪这一公众场合中的静态美是比较考验人的，也是比较能体现气质美的。

规范的坐姿要求端庄而有美感，给人以文雅、稳重、自然、大方的感觉。作为一种举止，它也有着美与不美、优雅与粗俗之别。正确的坐姿要求"坐如钟"，指人的坐姿像寺院里的铜钟般稳重、挺直。

1. 入座时要轻、稳、缓。走到座位前，转身后，轻稳地坐下。双腿应并拢，或双腿并拢向主位倾斜一定的角度，双手交叠，手心向下，侧放于右腿或左腿上。茶艺师坐姿应头虚顶、双肩平、腰板挺直端坐于椅子的1/3位置，展现优雅气质。如果椅子位置不合适，需要挪动椅子的位置，应当先把椅子移至欲就座处，然后入座。

2. 神态从容自如，下颌微收，面带笑容，笑不露齿，嘴唇微闭，或呈吐"一"字音形，面容平和自然。

3. 女性双膝自然并拢，双腿正放或侧放，双脚并拢。男士两膝间可分开一拳左右的距离，脚态可取小八字步或稍分开以显自然，但不可全部打开腿脚，那样会显得粗俗和傲慢。

4. 茶艺师社交活动中，坐在椅子上，可坐椅子的 1/3，宽座沙发则至少坐 1/2。落座后至少 10 分钟左右时间不要靠椅背，显示端庄仪态。时间久了，可轻靠椅背。

5. 茶艺师与宾客交谈时应根据客人的方位，将上体与双膝侧转向于宾客，上身保持挺直的姿态。

6. 当要离座时，要保持身体的平衡与自然，右脚向后收半步，而后站起。

7. 女性茶艺师若是裙装，应用手将裙子稍稍拢一下，不要坐下后再拉拽衣裙，正式场合一般从椅子的左边入座，离座时也要从椅子左边离开，这是一种礼貌。女士入座需要娴雅、文静、柔美的姿态，可两腿并拢，双脚同时向左或向右放，两手叠放于左右腿上。

8. 需要侧坐时，应当将上身与腿同时转向同一侧，但头部保持向着前方。男性茶艺师双手呈半握拳式自然下垂于身体两侧，双腿并拢或与肩同宽，坐下后，将双手并拢对称分别置放于腿上。落座后，坐姿须端正，但不僵硬。不要用手托腮或双臂肘放在桌上。避免一些不合礼仪的举止体态，例如，打哈欠、伸懒腰、揉眼睛、搔头发、卷衣袖等。

四、各类泡茶技法训练

（一）翻玻璃杯技法

左手与右手交叉握杯，左手在下掌心朝上，右手在上，掌心朝下，双手握住杯底部分提起杯身，右手把玻璃杯旋转至左手掌心位置后往前推，双手定位握住玻璃杯，置放于杯托上。

(二)净杯或温壶技法

1. 往玻璃杯中注入 1 厘米的水量，然后双手玻璃杯底部 1/3 位置，轻缓侧转，让杯身均匀受热和净杯后，将水倒入水盂。净杯时玻璃杯旋转的手法、高度、方向一致，注意双手摆放的位置、高度，以及玻璃杯的高度。

2. 温壶时，往壶中注满水，盖上壶盖，让壶身充分受热后，将水倒入茶海或水盂中，也可以往壶中注入 1/3 的水量，如温杯般旋转壶身后弃水。

3. 狮子滚绣球指的是清洗品茗杯的技法，双手呈"三龙护鼎"式持杯，将品茗杯侧放于另一品茗杯口处，双手中指抵住杯底，大拇指、食指与杯口齐平同时由外向内滚动品茗杯。

(三)投茶技法（上投法、中投法、下投法）

1. 上投法 先往杯中注入七八分满水，然后投茶。

2. 中投法 投茶，往杯中注入少量水浸润泡，然后进冲泡至七八分满。

3. 下投法 先投茶，后冲水七八分满。

(四)润茶（或浸润泡或提香）技法

茶艺师往杯中投入适量茶，注入少量水，旋转杯身，让茶叶吸收水分舒展开来，有助于内含物充分浸泡出来，同时让香气更好的发挥。此时也可欣赏茶香。

(五)注水的技法（凤凰三点头技法、悬壶高冲、高冲低斟、三段注水法、细水长流）

1. 凤凰三点头技法练习 是冲泡绿茶的基本技法，练习时可设三个玻璃杯，投茶量三杯一致为 2.5 克或 3 克，要求凤凰三点头技法的水流粗细、高度、注水量、节奏感一致，动作连贯，水流不断，水不外注，注水量为玻璃杯的七八分满。

2. 悬壶高冲技法练习 从高处往紫砂壶中注水，提梁壶的高度大于 10 厘米，水流不断，注水量至壶口满或溢，但不允许冲出茶叶。

3. 高冲低斟技法练习 从高处往紫砂壶中注水，慢慢降低壶的高度，从低处收壶，水流不断，注水量至壶口满或溢。使茶汤浓度一致，减少泡沫的产生。

4. 三段注水法练习 水注水流不断由"低、高、低"三段法注入壶中，以体现节奏感。

5. 细水长流注水法练习 水注由低至高，拉细水线，水注高度约 15～20 厘米。

(六)奉茶技法（单人奉茶法、双人奉茶法）

1. 单人奉茶法 茶艺师端着泡好的茶水，行至客人面前，呈蹲曲礼式，双手交换位置，左手托茶盘，右手持杯（或杯托）递给客人或放在客人面前后，呈斜式手势礼请客人品茶，并以鞠躬礼结束。

2. 双人奉茶法 一人（助泡）端着茶盘，一人（主泡）呈站立姿势，两人行至客人面前，主泡双手端杯，呈蹲曲礼式，将茶水递给客人或放在客人面前后，左手虚托右手手腕，呈斜式手势礼请客人品茶，并以鞠躬礼结束。

(七)品茶技法（三龙护鼎、喜闻幽香、鉴赏汤色）

1. "三龙护鼎"技法练习 大拇指、食指握品茗杯外侧，中指抵住杯底。

2. "喜闻幽香"技法练习 双手手指并拢伸直，滚动闻香杯，闻香。

3. "鉴赏汤色"技法练习 男士单手"三龙护鼎"持小品茗杯，从外向内稍有弧度端至中间观察。女士可双手捧杯察看。

（八）泡茶技法（关公巡城、韩信点兵）

1."关公巡城"技法练习 冲泡乌龙茶常用的技法，动作连贯、间隔时间相等，在闻香杯中（或品茗杯中）巡回均匀茶汤量。

2."韩信点兵"技法练习 冲泡乌龙茶常用的技法，动作连贯、间隔时间相等，在闻香杯中（或品茗杯中）注茶汤均匀，把茶汤的精华部分点入各个杯中。

五、模拟接待服务

模拟接待服务适用于茶艺馆培训员工，在经过一定时间的上岗培训之后，茶楼员工即将参加接待服务工作前的培训。有学员模拟宾客或消费者光临茶楼，茶艺师应热情做好品茗休闲服务工作，基本服务程式如下。

（一）迎宾

门口人员喜悦迎宾。倡导的是"微笑"服务，迎宾员面带笑容是营造亲和力的一种方式，让客人有宾至如归的感觉。每个人笑起来都是最美的！

1. 迎客语

（1）"您（们）好，欢迎光临（××××××)!"

（2）"请问您几位?"

（3）"请问您有预定吗？这边请!"

（4）"请问您需要包厢还是雅座?"

（5）"请问找朋友是吗？请问您朋友贵姓？请稍等!"

2. 送客语

（1）"（几位）请慢走，欢迎下次光临！再见!"

（2）"您好，请稍等，您有东西落下了。"

要做到"来有迎声，走有送声"，让客人有宾至如归的温馨感觉。

（二）引导

1. 迎宾引客入座 确定客人进门的意向后，迎宾应面带微笑，迅速、主动伸出自己的右手（不允许紧挨着客人的手伸出），五指自然并拢向前手心朝上呈弧形作礼貌邀请之势，引导客人进入茶楼，如上楼梯时迎宾须走在客人的前面带路，并要提醒客人注意台阶（下楼梯时所有工作人员须让客先行，并提醒小心慢走）；按照客人的情况、人数要求，我们要相对有主见的将客人引至某一包厢或雅座，并说明这个座位适合他们的特点。快行至包厢时，如有本区域的服务员在岗则应主动向客人问好："您好/上午好/下午好/晚上好！欢迎光临！"，同时协助迎宾为客人拉好座椅（超过3人以上的，为客人拉好座椅邀请客人入座一般只要拉一两个即可），如客人有衣包拿在手上的则需提醒客人："您好，您的×××帮您挂在这边好吗？"客人同意后，帮其放好并提醒："已经为您挂好了，走时请不要忘记！"（贵重物品需请客人自行保管），如客人还有朋友要来的，要说"等一下还有朋友要来是吗？那请问您贵姓？一会您朋友到了可以马上为您带过来吗？"此时，迎宾可以退出，退出时要与客人交接："您好，几位请稍坐一下，服务员马上就到！"然后有礼貌性的先向后退三步再转身离开包厢，到包厢外立即与该区域服务员交接基本情况：他们有几人？有无到齐？先到几位？他们的东西有无存放在什么地方？他们希望消费什么样价位的茶水？到此迎宾的工作已经结束，这样子引导入座的全过程，为客设想周全，会给客人一种"宾至如归"的感觉，也是我们用心去营造的一种氛围。

2. 迎宾

（1）如何吸引客人进来，做好首要接待？迎宾是客人进来的第一接待人，良好的第一印象是成功的开端，迎宾须了解茶楼最基本的简述：茶楼简介、消费模式、最新促销活动、如何定桌等。用优质的服务来留住客人。

（2）客人进来随便看看的应怎样接待？迎宾应有灵活的反应能力，在最短的时间内可以判断出客人进来的意向。如是说随便看看的，这就是一条传递给我们可以成功的暗示信息，表明他将有可能坐下来喝茶。我们应抓住这个机会，有选择性的、有针对性的进行简明的特色介绍，比如我们的营业时间段优势、特色茶点、合理价位、新店开业活动等，可以在引领客人的过程中比较有主见性的为他们选择一个合适的位置，请他们入座。有的客人会显出较为迟疑的表情或回答，这时就要替他们作出决定，非常诚恳地告诉他："这是特意为您挑选的。"不要让他们有太多的考虑时间而促成生意。

（3）客人找朋友应怎样接待？遇到客人找朋友的，首先要问清"请问您朋友贵姓啊？"再查看定桌记录或是留言等朋友的记录；如记录中没有的，可以问一下他的朋友大约几人、特征、有没有联系号码等，尽可能帮其找到朋友并引至座位处，与区域服务员交接好。

（4）如是同行进来应怎样接待？不喝茶该如何应变？我们会经常遇到同行进来"暗访"，那么我们应该怎么样进行接待呢？进来的人都是茶友，我们都要正常做好接待。当在引座的过程中一般他们会说是过来看位置定桌的，要求全场都看一下位置，比较专业的环顾四周，并对有客人的位置稍加停顿驻足，会要求看一下茶食台或是茶谱，有无打折优惠等，这时应该有职业的敏感发现他们会是同行，并和区域服务人员交接好。对于同行我们要做好平时应该做的常规服务，不允许在和他们交谈中透露我们工作的流程及将要开展的宣传活动。比如工资情况、如何打折、茶品种、上班制、服务人员数量等。但也不要用异样的眼光和心态来服务，要以平常心做好自己的本职工作，让同行也能认可你的服务是优秀的！

（5）遇到客人拍照应怎么办？我们明文规定是不允许客人拍摄茶楼内部设置的（茶谱上有注明）。如有客人提出在茶楼内拍摄照片，服务人员要立即上前告知："您好，不好意思我们这里是不允许拍照的。"如客人是朋友相聚或是其他什么情况，只是在自己的包厢内留影纪念，那么我们服务人员要与其说清楚，可以破例一次，但只能在自己的位置上，不允许出来拍摄，请客人配合我们的工作。

（6）如何给客人选择好位置？为客人选择一个比较满意的座位是我们赢得长期顾客的一个重要方面。根据客人的人数、意愿、环境要求及茶馆的客量情况来推荐，进行主观性的引导。比如一两个人或是三四个人进来喝茶，可以将他们安排在靠窗、风景较为优美的雅座；如是进来洽谈业务需要安静的，可以引至较为安静的包厢内；几个人进来随便喝喝茶聊天的也可以安排在比较明亮的大厅等等，只要是在实际情况允许的前提下，尽量帮客人选择一个环境、座位大小等较为合适的位置。

（7）特殊情况应如何应变？比如一两个人要坐几个人以上的包厢应如何去接待？在引客过程中遇到一、两个人要坐几个人以上的包厢时，要根据实际情况来做决定。如白天或是周一至周五位置较为空闲的情况下，是可以让他们去坐的；但在晚上或是周末座位较为紧张的情况下，要向客人说清，"不好意思（很抱歉），这是××个人的位置。这里有一个两个人的专门包厢（或雅座），比较适合你们的，谈话也比较方便的。"要根据实际的经营情况来做决定，迎宾一定要对座位的概念非常明确，多坐一个人就是多了一份成交额。如自己解决不了的可以请求并转交上级管理人员来处理。

（8）怎样交接好客人？迎宾与服务员交接好客人的基本情况：共有几人？是否到齐？有无存放东西？有无朋友还要再来？希望的消费标准是多少等，完整的交接可以提高服务效率，避免出现服务工作的脱节。

（三）点茶

一个聪明的服务人员会知道怎样用自己及时周到、专业用心的服务去赢得客人。

当迎宾在引导客人入座时，区域服务员就应该去做好待客点茶的准备工作：取湿巾、迎客茶、茶谱（水果、干点）。放置托盘内，与迎宾迅速交接后，微笑地敲门进入包厢，要求对视客人的眼睛，说："几位/先生/小姐/您好！欢迎来××××××喝茶（欢迎光临××××××），这是我们的迎客茶，请先品尝一下。"向每位客人侍奉迎客茶和湿巾，并请他们先吃点水果和干点，然后打开茶谱请客人点茶。

一般客人入座后最迟不得超过3分钟必须有人去接待，及时有效的前提服务也会为点得一杯好茶做好准备。这时就要看服务人员如何巧妙地推介产品了。首先要为客人介绍一下茶楼的特色概貌，"您好！请问几位现在看一下需要点什么茶呢？""（先打扰一下），我们这里是点茶消费的，最低消费××××××（包括早晚场时间、特色茶、开业宣传活动、茶楼禁止的内容等)。"如遇到需要为他们介绍茶的客人,那么我们要根据客人自身的喜好来推荐茶,比如他们平时喝什么茶?口味喜欢浓还是淡的?等等,有针对性的向他们推荐我们的品牌茶和特色茶(需要有推荐特色茶的技巧)。

客人点完茶之后要向客人复唱一遍:"哦,好的!您点的西湖龙井是吗?是××元/位的",要求每位点完茶之后都要复唱一次,如他们共有几个人那么所有点茶之后要进行一个总的复唱,就是"好的,您们几位都点好了是吗?我再复唱一下:(看着每一位客人依次说)您点的西湖龙井是××元/位的,您点的是普洱茶是××元/位的……还有这位先生点的是八宝茶是××元/位的,是吗?"客人示意正确后,"哦,好的,茶马上为您泡上来,请稍等!可以先用一下迎客茶,吃点水果!"复唱是最重要一个环节,避免茶泡上后客人再说这不是他点的茶或买单时价位与他印象中的有出入而引起纠纷。

(四)缺席备茶

客人点完茶后,茶艺师准备退出去泡茶,在退出之前也必须要与客人交接:"几位先请慢用!(如自助:外面有很多东西可以自取免费的,您出来往外走就是自助餐台了)我去为您准备一下茶,请稍等!"如果你不说一下你出去做什么,那么客人可能不会知道你是为他们拿茶的,就会在那不停的叫服务员,造成服务的不连续、脱节,降低我们的服务水准,也体现不出我们礼待茶客的规范。所以在缺席备茶时一定要做到礼貌性地通知客人。

一般备茶的时间不得超过 5 分钟。到茶台凭单领取茶叶,要检查所有的茶器具、茶叶有无到位,不允许上桌泡茶时才发现少了茶巾或是茶则等，这会让客人感觉服务不到位。

（五）茶艺服务

所有的泡茶准备都做好了之后，要为客人泡茶了。应为客人上桌服务，进行茶艺演示，这是动态的景观，有一定的观赏性，是茶艺文化传播的方式。如有团体大桌，不便于上桌冲泡的，在征得客人同意后方可在外面冲泡好之后再奉给客人。

本单位注重的是人文式的服务、专业扎实的茶艺、茶礼、茶道茶文化及与茶相关的知识，在这里不仅可以品尝丰富的各色茶点，更可以享受赏心悦目的茶艺表演，还有精心为茶友营造的雅致环境，所有这些都需要通过每一个服务人员向茶友传递，所以每一个环节都要力求极致完美。其中泡茶是最为重要的一个展示环节。

上桌泡茶了，摆放好所有茶具与所准备的物品（冲泡的水、茶叶等），开始茶艺演示："您好！我是这里的茶艺师，下面为您冲泡的是您所点的西湖龙井茶。""您的龙井茶已经为您泡好了，请慢用。""开水壶为您放在边上要小心。""这里有自助的茶点（或我们是清茶、配送的），我是这里的×××号服务员，很高兴为您服务，有什么需要也可以随时叫我！请慢用！"将桌面整理好之后，后退几步再转身离开。

（六）常规服务

所有的点茶、泡茶完毕后，就开始进入常规的服务环节中，常规服务包括：客人的茶水是否需要添加，是否有空碟空碗，桌面是否凌乱、是否需要整理，餐巾纸、湿巾纸、水盂以及开水壶是否要更换或添加，包括外面有新茶点出来可以询问客人是否需要，常规服务最低要求10分钟一次巡视，随时保持桌面包厢的整洁；除此之外，还有重要的一个特殊服务，为客人加水时，如看到客人的茶喝淡了，一定要主动提出建议客人换一杯茶，"您好，您的茶已经淡了，需要帮您换杯茶吗？"这是最能体现人性化服务的一个重要方面，也是茶馆的亮点服务，许多茶馆规定了换茶次数且多为只能换一次，而本茶楼注重的是将地道的茶叶呈现给茶友，在主动提出为客人换茶时，给茶友的感受就大为不同了，就会有种到朋友家来喝茶的那种亲近温馨之感。

（七）买单

一个客人从进来到离开茶馆都需要有个连续、有质量的跟踪服务，客人买单也是一个重要环节，要做到的是"人走茶不凉"式的服务，客人买单之后未走的仍然要进行的常规服务，最忌讳像大家印象中的"人走茶凉"一样买单之后就置之不理、不闻不问了。

客人叫服务员买单，无论是否为该区域服务员，听到后都要及时回应："您好，买单是吗？请稍等！"然后迅速到收银台拿出结账联，"您好，您们××位一共是×××元，这是您的单据，请看一下。"接过客人的钱，要说"谢谢，收您××元正好！""谢谢，收您×××元，还需要找零，请稍等！"到收银台找完零钱给客人，"您好，收您××元找您××元，这是您需要的发票（如客人需要的），请收好！"买单完毕。买单后需和相关服务人员进行交接，避免造成不必要的误会。

（八）送别

客人起身要离开时，服务员要及时上前帮忙拉下座椅，并环视一下包厢、桌面有无东西被客人误拿或有意带走，同时提醒客人："现在走了是吗？您可以看一下有没有东西落下的！""请稍等一下，这是您的衣服（忘记了），请拿好！""再见啊，欢迎下次光临！""这边楼梯下去，请慢走！"

至此，一桌客人的完整接待结束了。可以看出每一个环节都很讲求用心到位的服务，要用心和规范让客人感受到朋友式的服务。这八大环节是服务的根本，是本单位赢得良好口碑的具体落实。所以，要求每位员工学习掌握这些内容，并能灵活运用自己的语言加以表述，使自己成为一名真正优秀的服务人员。

（九）翻桌

送别客人后，收拾干净，重新布置好茶桌，就是布置好茶案的台面，要求物品摆放有序，明窗净几，台面整洁、悦目。

茶艺馆里的茶案或雅座的茶案，往往比较雅致，应布置符合时令季节的茶案台布或具有传统、自然气息的茶案。茶案上固定的摆放物品是：水盂（盛放果壳等）、烟缸、牙签筒、纸巾（湿巾）、桌号牌。有的还布置小型花卉（水仙花）、绿色文竹、观赏鱼类等。

（十）茶具清洗和消毒

1. 消毒器具及存放器具是否齐全　清洗间人员需负责清洗间所需的消毒柜、保洁柜、百洁布等的齐全。

2. 清洗台面、水池的分布是否合理　清洗间需要将清洗餐具、茶具的水池分开较为合理，大型茶馆一般需要有四个水池，第一个水池是放入脏乱器皿，第二个水池是初次清洗，第三个水池是用来清洗，第四个水池用来再次清洗。要有一个空白台面来放清洗出准备放入消毒柜的餐具、茶具。

3. 怎样分类餐具、茶具　将服务员撤回的餐具、茶具分类摆放好，避免餐具上的油渍浸到茶具上而不易清洗。

4. 怎样消毒餐具、茶具 分类摆放好餐具、茶具后即开始清洗，经过初次清洗、二次清洗、再次清洗后再分别进行消毒。消毒前要检查所洗器具有无不净之处，比如茶具玻璃杯上不能有手指印、不能有脏的污垢（需要拿起对着灯光照才能更好地看出来），餐具上不能有油渍等污垢，因为消毒好的东西再发现不净就已经迟了，将再进行一次重复过程，降低了工作效率。其中茶具中所有紫砂、陶类茶具不得用任何清洁剂、劳碱粉等清洗，只需用清水将里面的茶叶等杂物取出冲洗干净即可。

5. 如何摆放餐具、茶具 消毒好的器具用专用的口布取出放入保洁柜内备前场所用，摆放时要注意轻拿轻放，不得将餐具、茶具混放，放置指定的保洁柜内，也不得将器具在同一处摆放太多易压破损。

（十一）茶叶、茶具销售包装

当顾客在茶楼品茗，品赏到好茶后，想购买一些带回去品尝，或赠送亲友；或在品茗时欣赏到令人爱不释手的茶器，想购买时，茶艺师应积极、热情做好这一工作，会介绍茶品、茶具，并会称量、包装、计算价格，做好茶叶、茶具的简单销售工作，满足消费者的需求。

茶叶的包装与销售，主要掌握以下步骤，一是称量；二是包装；三是铝塑薄膜袋的塑封或铁罐装茶；四是计价，收款。

茶器具的包装需防止破损，应该用海绵、塑料泡沫、软纸隔离各器物，并用硬纸盒或礼盒盛装。

（十二）电话接待
电话接待的礼仪规范

1. 接电话声音要求轻柔、甜美，吐字清晰，不允许娇作或是过于直硬。

2. 接电话用语："您好，这里是××××××。"

3. 如对方无应答，可能是未听到或是其他，我们要做到间隔的说"您好，×××××× （上海店）!"三次后，再无人回答可以轻轻挂机，不得在未挂机前说出抱怨无人接听之类的话语。

4. 如对方是电话订桌的，要准确无误的记录下对方的联系方式："您好，请问是需要预定位置吗？"请问您几位？""什么时候来？""请留下您的联系号码好吗？""请问您贵姓？"了解基本情况后须再次核对："××小姐/先生，您好！您是需要预定一个××个人的位置，是今天下午过来，您的联系号码是：××××××对吗？"说明："好的，我们会将您的位置准备好，订桌位置我们为您保留半小时，可以吗？（客人允许后）那好的，我们××点（晚上）见好吗？再见！"

5. 如对方是要找××人的（服务员在上班时间不得接私人电话），要找的人不在，那么请他留下姓名、联系号码和需要转告的事情，并告知对方你的姓名，以免互相遗忘。

6. 接电话结束后必须等对方先挂机后再轻轻挂机。

7. 打电话时要求先自我介绍："您好，我是××××××的×××，能为您做点什么吗？"

8. 不得私自将单位人员的联系号码及行动告知对方，如遇到来电是找老总或管理人员的，可以先问清对方是谁？有什么事需要找他们？（各种推销、套近乎或是其他不方便和不必要接的电话很多）如果是不方便直接接听的电话，可以说："很抱歉，×××现在不在这里，有什么事您可以留言我帮您转告！"请对方留下联系方式；如对方不愿留或是执意要号码的，告知对方办公室号码即可。

第三讲
茶文化基础知识

一、茶的发现与利用

走进博物馆

地球诞生有几十亿年的时间了，据专家研究认为，茶树在地球上产生约已有 2 000～3 000 万年的历史，地球上人的诞生有几万年的历史了，莽莽山林里植物的一种——茶树，在山林里孤独了几千万年之后，如何与人发生接触，就是说人类是如何发现茶？利用茶的呢？

《神农本草经》是我国现存最早的药学专著，据《神农本草经》记载："神农尝百草，日遇七十二毒，得荼而解之。"神农是炎帝，那时，人类以采集、狩猎为生。这时，一位"人身牛首"的巨人诞生了，他就是炎黄子孙的始祖之一——炎帝神农。他教人们播种五谷，开创了农业文明。

神农还是中国医药的开创者，他目睹百疫肆虐，万民罹难的惨状，毅然决定以身试药，发现了诸多疗疾治病的中药。此传说就生动地记载了神农发现治病救人的药物的艰辛历程。记载表明，神农寻找为百姓治病的草药，亲自尝试百草，有一天遇到 72 种毒物，就要中毒死了，在这紧要关头，树上掉下来一片茶叶，吃了茶叶，就解除了 72 种毒，解毒得救了。此处，"荼"作茶字，就是说"荼"字在中国某一个历史时期曾是茶的释义。

此传说脍炙人口，生动传神，因而代代相传，成为中国茶人们熟知的典故。一般人都不太理解，认为太夸张，有言过其实的味道。其实，茶确实可以治病，现代科学证实，茶叶内的多酚类，具有杀菌、杀病毒的功能，也有解除部分重金属毒性的作用。运用恰当，茶可以治许多病症，如消化不良、精神不振、口腔炎症、咽喉肿痛、牙炎、肚胀、胃纳差等。茶不但可以解除 72 种人体病痛，若辨证饮茶，就如唐代陈藏器所言，"茶为万病之药"。

我们可以认为，神农是中国先民集体智慧的化身，中国人民最早发现了茶、利用了茶，是中国古代劳动人民为世界人民奉献了一种健康的饮料——茶。被人们所发现和利用是因为茶具有药用价值。这一传说生动地反映了茶被发现和利用的过程，神农时代距今已有五千年的历史。

二、从药用到饮用

茶叶最初是作为药用的，如神农尝百草得茶而解毒的故事；还有方士、医家及寻觅长生不老之药之人发现吃茶有提神醒脑、令人不寐的功能；以及吃茶有解酒的功能等，长期的使用实践中又不断发现茶能益思、除烦、解腻、助消化、利尿等功能，由于茶能"轻身"、养身、修心、防病治病、延年益寿、解酒、令人不眠等功效等，茶被方士、寻觅仙草及长生不老之术的神仙家、"仙人"等所利用。众多史料记载了这一饮茶史实，如汉仙人丹丘子、葛玄、黄山君、东汉张仲景、三国名医华佗等。东汉张仲景《伤寒杂病论》："茶治脓血甚效"；华佗《食论》："苦荼久食益意思"；《广雅》："若煮茗饮……其饮醒酒，令人不眠"。三国末期也有吴帝孙皓"密赐茶荈以当酒"的事例。

至两晋时期，茶开始从药用向饮用转变，典型事例是《广陵耆姥传》及《世说新语》的"水厄"。

《广陵耆姥传》："晋元帝时，有老姥每旦独提一器茗，往市鬻之，市人竞买，自旦至夕，其器不减，所得钱散路旁孤贫乞人，人或异之，州法曹执之狱中，至夜，老姥执所鬻茗器从狱牖中飞出。"

此文记载了晋元帝时（318—324 年），有一老妇人每天提着茶水，到市集上去卖，市集有很多人来买茶水喝，老妇人把卖茶水得到的钱分给路边的穷人、孤儿、乞丐，老妇人的行为举止，让人觉得怪异，官府的衙役们把老妇人关到了监狱，到了晚上，老妇人和她的茗器不见了，从监狱的小窗户飞出去了。此文说明公元四世纪初的东晋已有人卖茶水，但是这种现象是十分罕见的，官吏还认为这种事情很怪异，故为了社会秩序，执法抓卖茶水的人。说明已有人开始喝茶，但不多见。

南北朝宋刘义庆撰《世说新语》："晋司徒长史王濛好饮茶，人至辄命饮之，士大夫皆患之，每欲往候濛，必云："今日有水厄"。说明东晋（约公元 363 年间）已有个别人好饮茶，但许多人尚没有饮茶的习惯，饮茶被人称之为遭遇到水的厄运，此为"水厄"。

由于茶是嗜好性的，习惯饮用的人多了，就成为了饮料，尤其当茶与佛教文化结合后，饮茶文化得到了广泛传播。

三、陆羽与《茶经》

陆羽（733—804 年），字鸿渐，一名疾，字季疵，号竟陵子、桑苎翁、东冈子，唐复州竟陵（今湖北天门）人。

据《新唐书》和《唐才子传》记载，陆羽因其相貌丑陋而成为弃儿，被遗弃于唐开元 23 年（公元 735 年），那时的陆羽才 3 岁，不知其父母是何许人，被竟陵龙盖寺住持智积禅师在当地湖水之滨收养。

智积禅师以《易经》自筮，为孩子取名，占得"渐"卦，卦辞曰："鸿渐于陆，其羽可用为仪"。于是按卦词给他定姓为"陆"，取名为"羽"，以"鸿渐"为字。

陆羽 12 岁，出走龙盖寺，到了一个戏班子里学戏，作了优伶。唐天宝五年，竟陵太守李齐物十分欣赏陆羽的才华和抱负，修书推荐他到隐居于火门山的邹夫子处学习。

唐肃宗乾元元年（公元 758 年），陆羽来到升州（今江苏南京），寄居栖霞寺，钻研茶事。

唐上元元年（公元 760 年），陆羽从栖霞山麓来到苕溪（今浙江湖州），隐居山间，阖门著述《茶经》。期间常身披纱巾短褐，脚着蘑鞋，独行野中，深入农家，采茶觅泉，评茶品水，或诵经吟诗，杖击林木，手弄流水，迟疑徘徊，每每至日黑兴尽，方号泣而归。唐代宗曾诏拜羽为太子文学，又徙太常寺大祝，但都未就职。

公元 765 年陆羽《茶经》问世，即为历代人所宝爱，宋代陈师道为《茶经》做序道："夫茶之著书，自羽始。其用於世，亦自羽始。羽诚有功於茶者也！"《新唐书·陆羽传》记："羽嗜茶，著经三篇，言茶之源、之法、之具尤备，天下益知饮茶矣。"

陆羽撰写的《茶经》，这是唐代和唐代以前有关茶业科学知识和实践经验的系统总结。是陆羽躬身实践，笃行不倦，取得茶叶生产和制作的第一手资料，又遍稽群书，广采博收茶家采制经验的结晶。对有关茶树的产地、形态、生长环境以及采茶、制茶、饮茶的工具和方法等进行了全面的总结，是世界上第一部茶叶专著。《茶经》成书后，对我国茶文化的发展影响极大，陆羽被后世尊称为"茶神"、"茶圣"。

《茶经》是一部论茶的专著，对茶的起源、历史、生产、加工、烹煮、品饮以及诸多人文与自然因素作了深入细致的研究与总结，使茶学真正成为一种专门的学科。《茶经》全书十章，分"一之源"论茶的起源；"二之具"论茶的采制工具；"三之造"论茶的采制方法；"四之器"论茶的烹煮用具；"五之煮"论茶的烹煮方法和水的品第；"六之饮"论茶的风俗与科学的饮茶方法；"七之事"论述古代有关茶事的记载；"八之出"论全国名茶的产地；"九之略"论怎样在一定条件下省略茶叶的采制和饮用工具；"十之图"则指出《茶经》要写在绢上挂在座前，那么"茶经之始终备焉"。

四、唐煮、宋点、明撮泡

（一）唐代煮茶法

根据陆羽《茶经》记载：炙茶（就是把饼茶存放时吸收的水分用"炭火"烘干，使水分散失，茶饼变硬，便于碾碎成为极细的茶粉。）、碾茶（把茶饼碾碎成末）、罗茶（经过"罗合"筛成均匀茶粉）、择水、烹水煎茶（煎茶须用"活火"即"谓炭之有焰者"。煮茶有"三沸"，"其沸如鱼目，微有声，为一沸，缘边如涌泉连珠为二沸，此时可放茶末，腾波鼓浪为三沸。"一沸调盐味、二沸时出一瓢水、环激汤心、量茶末投于汤心，待汤沸如奔涛，育华）煎茶要掌握火候、"汤候"，在水一沸时加入盐花；第二沸时，先舀出一瓢水，随即用竹夹搅水，使沸度均匀，再量茶末从当中投下，继续轻轻搅动。接着水如奔涛，浮出泡沫，即汤花。这时把初沸时舀出的水倒入其中，缓和热度，使水中浮现出更多的汤花。汤花又分花、沫、饽三种，细而轻者为花，薄者为沫，厚者为饽，是以沉淀的茶末加入初沸时舀出的水煮之，汤花厚而绵，"重华累沫，皤皤然若积雪耳"，最佳者称为"隽永"。分茶至各茶碗，使沫饽均匀。

（二）宋代点茶法

茶瓶煎水达到一定火候，再注入盏中，成为点茶。点茶之前，先要用开水将茶盏烫热，称为熁盏；接着要根据茶盏大小放入一定的茶末，注入沸水，调和膏油状，称为调膏。然后慢慢地注入沸水，用茶筅（特别的竹丝帚）击拂，调匀茶而后饮用。

（1）炙茶：茶饼在微火上均匀烘焙。

（2）碾茶：用碾或磨把小块茶饼碾成粉末。

（3）罗茶：把茶粉过筛，得到点茶用的末茶。

（4）候汤：煮水。

（5）熁盏：用开水预热茶盏。

（6）调膏：投末茶少许，注少量沸水，用茶筅调茶至膏状。

（7）击拂：注汤四分满或六分满，用茶筅快速击拂。

（8）品饮。

（三）明代撮泡法

明洪武 24 年，明太祖朱元璋下诏废团茶，改贡叶茶（散茶）。后人于此评价甚高，明人沈德符的《野获编》载："国初四方供茶，以建宁阳羡茶品为上，时犹仍宋制，所进者俱碾而揉之为大，小龙团。至洪武二十四年九月，上以重劳民力，罢造龙团，惟采茶芽以进。其品有四，曰探春、先春、次春、紫笋。置茶户五百，免其徭役。按：茶加香物，捣为细饼，已失真味。……今人惟取初萌之精者，汲泉置鼎，一瀹便啜，遂开千古茗饮之宗。"

唐宋时的团饼茶消失了，饼茶为散形叶茶所代替，碾末而饮的"唐煮宋点"，变成了以沸水冲泡叶茶的瀹饮法，品饮方式发生了划时代的变化，开千古清饮之宗。

明代一些文士雅士，正是他们开创了明代的"文士茶"的新局面，如文征明、唐寅、徐渭皆是知名大文人，琴棋书画无所不精，又都嗜茶，与前人相比，他们更加强调了品茶时的自然环境选择和审美情趣的营造，这在他们作品中得到了充分反映。画作中高士们或于山间清泉之侧抚琴烹茶，泉声、风声、琴声与壶中汤沸之景融为一体。或于草亭之中相对品茗，或独对于青山苍峦，目送江水滔滔。

明代饮茶更加强调了品茶时的自然环境选择和审美情趣的营造，许多存世茶画展示了松下泉边的品茗场景，所谓"清泉石上流，明月松间照"的意境追求。品茗环境契合自然，以自然之美涵育心境与审美情趣，使茶超越了物质本身，上升到了精神层次，成了人们回归自然的媒介。

明太祖朱元璋诏罢龙团开茗饮散茶新风，在于遂茶之自然之性。沿袭千载的团饼茶开始了散茶撮泡法时代。自此茶杯、茶壶应运而开始了发展时期。

景德镇的瓷器茶杯、精美盖碗，宜兴的紫砂茶具，这些影响后世饮茶文化的基本元素，在明代，横空出世。

五、饮茶的传播

中国饮茶文化的传播，有各种机缘，有原始道教文化影响下的养生治病健体原因，如葛玄种茶，华佗、张仲景等论茶功效；有文人雅士推动饮茶风潮的，如前一篇中谈及的晋司徒长史王濛倡导饮茶；也有民族文化交流促进饮茶传播；

有东西方贸易促进饮茶传播的；也有佛教文化推动饮茶传播的。下面主要阐述以下几个部分：

（一）传播到山东、河北、山西、陕西

据唐封演《封氏闻见记》记载："开元中，泰山灵岩寺有降魔禅师，大兴禅教，学禅务于不寐，又不夕食，皆许其饮茶，人自怀挟，到处煮饮，从此转相仿效，遂成风俗，自邹、齐、沧、棣。渐至京邑城市。多开店铺，煎茶卖之，不问道俗，投钱取饮。其茶至江淮而来，舟车相继，所在山积，色额甚多。"

记载说明茶叶产自长江、淮河之间的山地，在佛教文化的传播影响下，饮茶风俗逐渐传播至山东、河北、山西、至陕西（即唐代长安京城一带）。这是佛教文化的传播促进饮茶传播的方面。

杭州过去并无茶叶，晋代有了天竺寺与灵隐寺，至唐代，陆羽《茶经》中就记载了"钱塘，天竺、灵隐产茶"，说明杭州产茶可归功于佛教文化的传播。

（二）传播到西藏

唐代是中国封建社会时期政治、经济、文化发展的全盛时期，唐贞观十五年（公元 641 年），文成公主奉皇上之命，远嫁松赞干布。带去中原文化，先进的农业生产技术，还带去了饮茶的习俗，茶叶作为文成公主的陪嫁品带到了西藏。茶叶作为大宗商品销往中国边疆，也始于唐朝，新唐书《陆羽传》："回纥入朝始驱马市茶"。这是中国历史上历唐、宋、明、清一千多年的"茶马交易"的开始，茶以贸易商品的形式传入西北、西南、蒙、藏一带。唐代饮茶从长江中下游向北传播之后，又传到了日本和西藏等地。从此干冷的西藏高原有了热腾腾的酥油茶，"宁可三日无粮，不可一日无茶"，

茶成了西藏同胞生活的必需品。

（三）传播到日本与韩国

唐代日本最澄禅师、空海禅师曾作为留学僧在中国浙江天台山国清禅寺，学习佛教文化，并将中国茶传入日本。唐贞元20年（804年），日本最澄禅师来我国浙江天台山国清寺学习佛经，拜道邃禅师为师，翌年归国时，从天台山、四明山带去了不少茶籽，试种于日本滋贺县。次年，最澄与空海相继入唐，又把茶籽及制茶工具（茶石臼）带回日本。自此，中国的饮茶方法和习俗开始在日本传播开来，使茶文化成为日本独特文化中的重要内容。

也就是说在9世纪初，茶就从中国传入日本。一批批的留学僧自唐代到明代把每一个时代的中国茶文化都传到了日本。茶种传播至韩国，与中国茶传至日本相似，韩国亦有留学僧至中国学习佛教，据相关研究表明，浙江天台山是韩国茶种的起始传播地，时间亦在唐代。可见佛教文化不仅推动了国内饮茶的传播，而且为中国茶道传入日本、韩国作出了不可磨灭的贡献。

（四）传播至西欧

明代郑和下西洋，是中国文化向世界的大规模展示，虽没有相关资料记录郑和船队向各地馈赠茶叶的内容，重要的是东方文化与西方文化进行了深度的交流，为尔后西欧各国向东方派遣船队，进行东西方文化交流及贸易打下了基础。虽有相关资料表明陆上丝绸之路曾是中国茶输入欧洲的最早之线路，但实际上，具有影响力和闻名于世的是清代的海上茶贸易。

1610年荷兰东印度公司将从中国买的茶叶载回国，正式开始为欧洲引进大批的茶叶。1650年，荷兰人开始输入中国红茶到欧洲。而初期中国茶进入英国是经由荷兰人之手。1662年葡萄牙公主凯萨林嫁给英王查理二世，她把红茶和茶具当做嫁妆，并在婚后推行以茶代酒，掀起英国王室贵族饮中国红茶的风潮。英国人赋予红茶优雅的形象及丰硕华美的品饮方式，长期以来形成了内涵丰富的红茶文化，又由于当时英国为"日不落帝国"，在世界许多地方有殖民地，因而饮红茶的习惯传播到了各地，并使红茶成为国际性的主要饮料之一。

六、茶叶加工方法的演变

人们最早接触茶叶，只有一种可能，就是采其芽叶，尝试其味道如何，在历史的长河里，远不止一人，可能有成千上百的人采芽叶尝试其味道如何，有的尝试嚼一下，就吐出来了，有的嚼几下就吐出来了，因茶叶有多酚类，其味苦涩，并不是享受的好味道。通过尝味，人们知道了生的、新鲜的茶叶不是用来充饥和摄取营养的食物，但嚼后，令人不眠、能醒酒的功效是明显的。

（一）晒干收藏

当人们知道此茶叶具有一定的药理功能，想要用此鲜叶的时候，上山去采可能不适宜，如冬天、雨天、深夜等，因而，如其他农作物一般，像其他中草药一样晒干收藏是最初的茶叶加工方法了。

这一方法在唐代樊绰《蛮书》（864年）有类似记载："云南管内物产第七，茶出银生城界诸山。散收。无采造法。蒙舍蛮以椒、姜、桂和烹而饮之。"其中，"散收，无采造法"指的就是采下茶叶，太阳晒干，收藏起来，需要饮用时，取一些煮着饮用。我们可把这一方法称作茶叶的最初加工方法，名称为"晒干收藏"。

（二）蒸青绿茶

采下的茶叶，经晒干，茶叶就如秋天从树上掉下的树叶一般，棕黄色的，只有煮着喝，才有浓度，口感涩涩的，苦苦的，犹如吃药一般。日常生活中，人们偶然发现新鲜茶芽叶经过短暂的高温蒸汽，茶叶变的绿绿的，色泽好看，清香悦人，然后晒干。由此开始出现了蒸青绿茶。这类事例在农村生活过的人都知道，过去人们煮饭时，有蒸架，上放蔬菜，饭熟了，菜也好吃了。在晋代的青瓷灶，就有蒸的式样。所以，高温蒸汽杀青，能保持茶叶翠绿色泽是最早的茶叶加工方式之一，是偶然的发明。

（三）蒸青团茶

高温蒸汽杀青的茶叶，经晒干，若煮用，仍缺乏浓度，其原因是茶叶的细胞没有破碎；再者此类茶叶缺乏保存品质的条件，由此产生了蒸青团茶。《广雅》记载了："荆巴间采茶作饼，成以米膏出之"，此段茶事内容约在南北朝北魏时期。唐代陆羽《茶经》也有蒸青团茶制法的记载："晴采之、蒸之、捣之、拍之、焙之、穿之、封之、茶之干矣"。制茶成饼烘干，用茶时，可捣成粉末，煮茶饮之。

（四）炒青茶

炒青茶，茶界公认是明洪武帝朱元璋"诏罢团饼贡茶"后，才开始流行的，开千古茗饮之新风。但相关史料表明，唐代曾出现过炒青茶。如陆羽《茶经》六之饮："茶有粗茶、散茶、末茶、饼茶者"；唐刘禹锡《西山兰若试茶歌》有"自傍芳丛摘鹰嘴，斯须炒成满室香"之句，其中有个"炒"字，宋代朱翌《猗觉寮杂记》云："唐造茶与今不同，今采茶者，得芽即蒸熟，焙干，唐则旋摘旋炒"，又有一个"炒"

字，无疑唐代加工绿茶，以蒸青为主，但已见炒青茶的端倪。

明代炒青制法逐步取代了蒸青，茶的色香味大有提高。明代古籍中，如张源的《茶录》，许次纾的《茶疏》，罗廪的《茶解》都作了详尽的记载，对炒青火候的掌握，炒制手法，投叶量及防止烟焦气味产生等方面都具有现实意义。

（五）乌龙茶（青茶）

据清代陆廷灿《续茶经》（1734年版）引王草堂《茶说》（1717年）谓：“武夷茶采后，以竹筐架于风日中，名曰晒青，俟其青色渐收，然后再加炒焙。阳羡山片，只蒸不炒，火焙以成。松罗、龙井皆炒而不焙，故其色纯。独武夷炒焙兼施，烹出之时，半红半青。青者乃炒色，红者乃焙色也。茶采而摊，摊而摝（摇之意），香气越发即炒，过时不及皆不可。既炒既焙，复拣去其中老叶、枝蒂，使之一色。”把乌龙茶的制法品质及其由来说得十分清楚。《茶说》成书于清代前期，可见当时，绿叶红边的武夷茶就已经产生了。我们常说乌龙茶品质介于红茶与绿茶之间，指的是其三分红七分绿的品质特征，又称之为“绿叶红镶边的品质。

简单说，当人们从山上采了茶叶回家，若从山路上一巅一簸地回家，装在茶篓中的茶鲜叶，就会抖动，与篓壁发生碰撞、摩擦，并有适当的阳光照射，回到家里，把茶叶凉在竹匾上，就会发现香气特别浓，做成的茶叶会成为“绿叶红镶边”的特征，这是乌龙茶。

（六）红茶

清雍正（1773）年间，崇安知县刘埥在《片刻余闲集》中记述了福建崇安红茶：“山之第九曲尽处有星村镇，为行家萃聚所。外有本省邵武，江西广信等处所产之茶，黑色红汤，土名江西乌，皆私售于星村各行。"在茶叶制造发展过程中，发现新鲜茶芽叶揉捻后，叶色红变，而产生了红茶。

此记载表明星村是清代雍正年间的红茶集散地。外销到欧洲，因成品红茶色泽乌黑。所以，称此茶为 black tca（译文：红茶）。

（七）花茶

《广雅》所载："捣末至瓷器中，以汤浇覆之，葱、姜芼之"。说明南北朝时人们就开始从事改善茶汤的色、香、味了。宋代蔡襄的《茶录》还认为当时的贡茶"微有龙脑和膏，欲助其香"，这记载表明，宋代已开始在茶叶中加入香料。《大观茶论》则认为茶的真香"非龙麝可拟"，说明自然的茶香仍胜于加香茶。这些均为后世花茶窨制奠下了基础。

花香茶：明代的钱椿年《茶谱》（1539 年）记述："木樨、茉莉、玫瑰、蔷薇、兰惠、桔花、栀子、木香、梅花皆可主茶。"此理论的出现，极大的拓展了花香茶的种类，是各类花茶已经出现的明确史料。

明代中叶刘基撰《多能鄙事》卷三："薰花茶，用锡打连盖四层盒一个，下层装上等高江茶半盒，中一层钻筋头大孔数十个，薄纸封，装花，次一层，亦钻小孔，薄纸封，松装茶，以盖盖定，纸封经宿开，去旧花，换新花，如此三度，四时但有香无毒之花皆可，只要晒干，不可带湿。"此资料详细记载了明代薰制花茶的详尽步骤，是十分珍贵的茶史料。

（八）黄茶

在生产绿茶的过程中，由于杀青后，未及时散热、或揉捻后干燥不足或不及时，叶色就易黄变。它的品质特点是黄汤黄叶，与绿茶相比较，生、涩与收敛感消失，口感醇和，有些地区的人认为绿茶是"生茶",而黄茶就是"熟茶"了。人们根据此特点,在制茶过程中采用"闷黄"工艺,形成了黄茶。从《红楼梦》中贾老太太品的是老君眉茶可知,君山银针,这一黄茶中的名品早就在清代雍正年间已有了。绿茶在生产过程中,不及时摊凉,就易黄变,因而究竟是绿茶早出现,还是黄茶早出现,并无实质性的意义。就如厨师炒青菜,多闷一会,青菜就偏黄。我们说黄一点的炒菜早出现,还是青翠一点的炒菜早出现相似。具体产生的时代,至今已不能确定。

但从具体的工艺应用上来看,黄茶制作工艺中,杀青后,有没采用闷黄工艺,如布盖,纸包、茶堆砌,与绿茶制作工艺仍然有明显区别。

(九) 白茶

中国茶类中有一白茶,是指福建福鼎、政和、松溪、建阳一带生产的不炒不揉,干茶满披白毫,外形色泽呈现银白色的茶品。它呈现白色的原理,是细嫩芽叶表面茸毛干燥后,呈现白色。

它的产生是十分偶然,又十分简单,当茶农上山采茶回家,如早上采,回家晚,到家了,准备做茶叶时,看茶叶已干燥了,这就是白茶。著名白茶品种有白毫银针、白牡丹、贡眉、寿眉。据有关资料表明,它产生于清代中后期,福建福鼎县是始产地,福鼎大白茶品种制的白毫银针是白茶的代表。

(十) 黑茶

晒青绿茶,在贮藏或运输过程中,不慎被淋雨或受潮,再经晒干,茶叶色泽由绿色转为褐色,此是黑茶产生的原因。伴随着色泽的变黑,茶叶中的多酚类物质发生了氧化,收敛性降低，滋味由涩转变为醇和，一个偶然的错误，坏事变成了好事，又一新的茶类产生了。仿淋雨受潮的过程被称作"渥堆"，这是黑茶的特有工序。

黑茶产地分布较广，每一个地域均有独特的茶品。主要有云南普洱茶、广西六堡茶、四川金尖、湖南茯砖、湖北老青茶等。

七、水为茶之母

古代文人认为"水为茶之母，好茶尚须好水泡"。脍炙人口的"龙井茶，虎跑水"被称为杭州"双绝"，流传千年的"扬子江心水，蒙山顶上茶"说的也是这个道理。

"水为茶之母"，指的是茶汤的母亲是水，只有水好，沏泡出的茶汤才会有好的口感，那么什么样的水是好的泡茶用水呢？

关于泡茶用水，历代文人名士均有独到的见解，乾隆皇帝认为，水轻为佳，故用银斗称量出北京玉泉水为轻，故被封为"天下第一泉"；陆羽从相对高低论水，认为"山水上、江水中、井水下"；唐刘伯刍认为"扬子江南零水第一"。

明人许次纾在《茶疏》中说："精茗蕴香，借水而发，无水不可与论茶也。"张大复在《梅花草堂笔谈·试茶》中讲得十分透彻："茶性必发于水，八分之茶，遇水十分，茶亦十分矣，八分之水，试茶十分，茶只八分耳。"以此而论，水的质量高低甚于茶的质量高低。

水质影响茶汤质量，泡茶水质的好坏，直接影响到茶汤的色、香、味的品质。古人认为只有精茶与真水的结合，才是美的享受。

历代文人雅士于取水一事，甚为讲究。有人取梅花瓣上的积雪，以罐储之，深埋地下用以来年夏天烹茶，也有人取雨水贮之，如《红楼梦》第四十一回"栊翠庵茶品梅花雪"中妙玉取"旧年贮的雨水"泡老君眉茶。

现代人讲泡茶用水的种类，可能是江水、湖水、矿泉水，井水、山水、雨水等。而古人讲究的水的性质与现代有很大的区别，如"初雪之水"、"朝露之水"、"梅花雪水"、"无根水"。以此推论，古代文人比现代人风雅的多。

在煮水上，用什么炉、什么壶、哪种水、哪种炭、哪种火都有分别。煮水程度还分为三个阶段，如鱼眼、蟹眼、腾波鼓浪。

烹茶用水，也是雅士的必修功课，古人是把它当作专门的学问来研究的，更有甚者追求炭的种类，如广东潮汕以橄榄核烧的炭为上等炭火；火也有活火、文火等种类。

作为茶艺师，首先我们必须明确，泡茶用水必须符合国家饮用水的卫生标准，细菌、微生物、硬度等应低于国标。

其次，作为普及性知识，泡茶用水以"山水上、江水中、井水下"为基本知识。在这两个基础上，我们可以通过煮水、候汤、品味等，更细腻地体验世界万事万物的至理玄妙，培植雅艺精神。

沏泡茶用水，以高山之水为佳，山愈高，水愈清轻甘冽。为什么山愈高，水愈轻呢？因为山上的水是从地下通过毛细管的作用原理升上去的，山有多高水就有多高；因而我们要尽可能保护青山，山体是地球水质净化的天然过滤器。其次，水以活水为佳，何为活水？水中含氧量愈高，水的活性愈大，泡茶愈佳。

水，生命之源，无色、透明、纯净，均是 H_2O，在这似乎一模一样的液体中，蕴含着深刻、细腻、玄妙的奥秘。茅台之水宜酿酒，东阿之水宜做胶，径山之水宜泡茶，其中无穷的奥秘有待我们去进一步求索。

八、历代茶器具的演变

茶具的产生首先的前提是饮茶出现，在茶的药用时期是不可能有饮茶专用器具的。因而茶器具的演变与茶叶生产、饮茶习惯的产生、发展密切相关。早期茶具可以是一具多用，或说是混用的，没有专用茶具，这与社会生产力的发展是相适应的。

（一）晋代（公元 300 年左右）出现专用茶具

现在普遍认为最早的茶赋是晋代杜育的《荈赋》，其中有"水则岷方之注，器泽陶拣出自东瓯"，杜育规范饮茶活动，水要用岷山方向的水，茶器具要用来自东瓯的，此东瓯应是浙江一带的越窑青瓷茶器具。如此认识，我们可以明确，最早的专用茶具是越窑青瓷茶器具，最早的茶器具出现的时代是晋代。

越窑是古代著名的青瓷窑。在今浙江上虞、慈溪一带。自汉代开始烧造原始瓷，至南朝时，已烧出成熟的青瓷，器型有碗、托、盏、壶、罐等。唐、五代是越窑的全盛时期，中唐以后，越窑青瓷成为中国南方瓷器的代表，与北方的邢窑白瓷形成"南青北瓷"的局面。

晚唐至五代，越窑地位不断攀升，还为宫廷烧制贡品瓷器，最佳制品称为"秘色瓷"。胎体薄，胎质细腻，造型规整，釉色青黄如湖绿色。唐代越窑以素面为主，有少量划花装饰；五代除刻划、堆帖花纹外，还出现釉下褐色彩绘。至北宋中期以后，越窑逐渐衰落，南宋后停烧。

（二）南北朝后魏（约公元 485 年）时期的茶具

《广雅》中有："炙令色赤、捣末置瓷器中，以汤浇覆之"。这是茶叶炙烤后，将茶叶捣成粉末。然后置于瓷器中，再用开水浇覆饮用。据作者研究认为此段内容是南北朝后魏时期人们饮茶的内容。可以认为此瓷器是敞口的，便于用汤勺或瓢浇覆开水。茶具的种类应有夹子（夹茶饼炙烤）、臼、杵、碗、汤勺（瓢）。

（三）唐代茶具

唐代是中国封建社会政治、经济、文化高度发达的一个时期，有"大唐盛世"之说，茶馆、茶道、贡茶、茶税、茶马交易均出现于唐代，陆羽作《茶经》、卢全写《七碗茶歌》、张又新作《煎茶水记》，可见茶文化在唐代有了全盛的发展。茶具也进入了一个全新的发展时期。

1. 陆羽《茶经》二十四器　唐代茶具可从陆羽《茶经》中一窥广度与深度。完成一个完整的饮茶活动，需有 24 种茶具：风炉、筥、炭挝、火筴、鍑、交床、夹、纸囊、碾、罗合、则、水方、漉水囊、瓢、竹筴、鹾簋、熟盂、碗、畚、札、涤方、滓方、巾、具列共 24 茶器具，为全套的碾茶、泡茶、饮茶器具。这些器具可放置于都篮（精巧小橱柜），便于携带或搬动。从上述茶器具可以了解唐代饮茶活动的细腻与精细程度，这是社会经济文化高度发展的产物，亦是大唐盛世的体现。生活讲究的家庭都备有 24 件精致茶具，而寻常百姓无力为之。

关于茶碗，陆羽浓墨重彩加以细述："碗：越州上，鼎州次，婺州次，岳州次，寿州、洪州次。或者以邢州处越州上，殊为不然。若邢瓷类银，越瓷类玉，邢不如越一也；若邢瓷类雪，则越瓷类冰，邢不如越二也；邢瓷白而茶色丹，越瓷青而茶色绿，邢不如越三也。晋·杜育《荈赋》所谓器择陶拣，出自东瓯。瓯，越也。瓯，越州上口唇不卷，底卷而浅，受半升已下。越州瓷、岳瓷皆青，青则益茶，茶作白红之色。邢州瓷白，茶色红；寿州瓷黄，茶色紫；洪州瓷褐，茶色黑；悉不宜茶。"说明全国各地许多地方生产茶碗，以越窑青瓷碗为佳，因为越瓷青而茶色绿。茶碗色泽可映衬茶汤色泽美感。越窑胎体较薄，釉色青中闪黄，有青玉的质感。陆羽在《茶经》中把当时著名的六个瓷窑生产的茶碗评价，将越窑器列为第一，称其"类玉"、"类冰"，最宜衬托茶色。

唐代茶具呈现"南青北白"的局面，主要茶器的形制以茶碗为特征。

2. 法门寺地宫银质鎏金茶器具系列 1987 年陕西省扶风县法门寺地宫发现唐代皇室宫廷所使用的一套银质鎏金茶具，为唐僖宗所供奉。质地精良，造型优美，系列完整，是迄今为止发现的等级最高的茶具，从中可窥大唐盛世气象之一斑。系列茶具分别是鎏金银碾子、罗子、笼子、匙子、则子、盐台、龟盒以及银火筯和琉璃茶碗等碾茶、饮茶的器具。陆羽《茶经》记述的 24 茶器与法门寺地宫所藏宫廷茶具作为唐代茶具的两个方面，相映生辉，一方面代表了社会上层，一方面是普通士人，使现在人们对唐代茶具有了更加完整和清晰的认识。

（四）宋代茶器具

晚唐后，随着人们对茶的了解进一步深入，饮茶开始偏重于品，茶具又产生新的变化。当时兴起了一种新的饮茶方法——"点茶法"，茶中不再加盐，开始了纯粹的饮茶。随着点茶法的兴起，煮茶法逐渐消退，"点茶法"即先将茶末置于盏内，再以汤瓶（执壶）煮好水，注少量水入盏内，将茶末调成膏状，再持汤瓶（执壶）向盏中冲注适量的沸水，并用茶筅快速搅动而成。向茶盏中冲注的动作称为"点"。点茶非常讲究技巧，水流要流畅，水量要适度，落点要准确，此法延续至宋代最为鼎盛，一直处于饮茶的主导地位。宋代是茶文化发展的又一个高峰，饮茶文化深入到了社会生活的方方面面，宋代的陶瓷工艺也进入了黄金时代，独具特色的是茶盏，特别是黑釉盏深受斗茶者的喜爱。

1. 宋审安老人的茶具十二先生 南宋审安老人茶具十二先生，把茶具拟人化，并赋予其相应的职位，为文人风雅之事，从一个侧面反映了宋代茶具的概貌。南宋时代多饮团饼茶，饮用时需要将团饼碾研，过筛，而后点茶品饮。《茶具图赞》记载的十二先生，是备茶和饮茶时用的十二种茶具。其茶具十二先生有：韦鸿胪（烘茶炉），木待制（木茶桶），金法曹（碾茶槽），石转运（石磨），胡员外（茶葫芦），罗枢密（茶罗），宗从事（棕帚），漆雕秘阁（茶碗），陶宝文（陶杯），汤提点（执壶），竺副帅（竹筅），司职方（茶巾）。

主饮器，宋代民间饮茶多用茶盏，盏是一种小型茶碗，敞口小底，有黑釉、酱釉、青白釉及白釉等多种。

2. 宋代五大名窑 宋代烧制茶具著名的产地有五大名窑：

官窑：北宋窑址位于河南开封，产品薄釉青瓷，在产品上刻花、印花或彩绘；南宋官窑在浙江杭州，产品厚釉青瓷，胎体绵薄，造型端庄，釉色晶莹，纹样雅丽，并运用开片和紫口铁足等艺术手段，独创碎纹艺术釉。

哥窑：窑址在浙江西南部龙泉县境内，产品薄胎质坚，坯胎有黑、深灰、浅灰及土黄多种，黑灰胎有"铁骨"之称；器脚露胎，胎骨如铁，口部釉隐现紫色，因而享有"紫口铁足"的美称。

汝窑：窑址在今河南宝丰境内，汝窑造型规整，大不盈尺，以不加饰纹样为重，以釉色釉质见长，其釉色呈淡青色，陶瓷界称之为"葱绿色"。

定窑：窑址在今河北曲阳涧磁村、燕川村。古属定州，故有定窑之名；产品胎薄釉润，造型优美，花纹繁复，器皿装饰多用刻花、印花等手法。

钧窑：窑址在今河南禹县，古属钧州，故名。北宋、金时期著名瓷窑。利用氧化铜、铁呈色各异的原理，烧成蓝中带紫的色釉。釉色细润，胎骨灰色。以釉色代替花纹装饰，属青釉瓷器的风格。

3. 黑釉盏　黑釉是古代瓷器釉色之一，釉面呈黑色或黑褐色。主要呈色剂为氧化铁及少量或微量的锰、钴、铬、铜等氧化着色剂。如将釉层加厚时，烧成的釉色就呈纯黑色。因黑釉盏便于衬托和观察白色沫饽，因而受到斗茶者的喜爱。黑釉盏种类较多，有兔毫盏、鹧鸪斑、油滴盏、玳瑁盏、木叶纹盏、剪纸漏花盏、黑釉剔花等等。烧制的窑场主要有福建建窑、江西吉州窑。

建窑，也是宋代著名窑址之一。位于福建省建阳县永吉镇，从晚唐、五代始烧青瓷，宋代以烧黑瓷为主。其胎质为乌泥色，有的釉面细如兔毛，这种独特产品被称为"兔毫盏"，尤为珍贵。宋徽宗《大观茶论》载："盏色贵青黑，玉毫条达者为上"。有玉毫条的盏即是人们常说的兔毫盏，产自福建建窑。

黑釉盏在日本被称为"天目盏"，这应该是到中国学习佛教的日本留学僧在浙江天目山一带佛院留学，回国时许多人携带寺庙中使用的建窑黑釉盏而形成的。

吉州窑在江西省吉安永和镇，吉安古时称吉州，故名。吉州窑创于唐，发展于五代与北宋，南宋至元代初、中期，是其兴盛时期，终于元代末。其产品种类繁多，纹饰丰富，最具盛名是黑釉盏，黑釉剪纸贴花瓷为吉州窑所独创。特别是木叶贴花瓷，更是吉州窑一绝，著称于世。

（五）明代的景瓷宜陶

元代茶具以青白釉居多，黑釉盏显著减少，茶盏釉色由黑色开始向白色过渡，因白色能衬托出叶茶所泡出的茶汤的色泽。明洪武24年，明太祖朱元璋"诏罢团饼茶"，改贡叶茶，确立了叶茶的地位和新的饮茶方式。使茶具在品种、釉色、造型等方面产生了极大的变化。

明代改团茶为散茶，促使茶具发生了大变革，使江西景德镇的白瓷及青花瓷有了新发展，茶壶、茶杯、盖碗适应了叶茶直接冲泡而有了大量的生产。明代冯可宾《茶笺》说："茶壶窑器为上，锡次之。茶壶以小为贵，每一客一把，任其自斟自饮方为得趣，何也？壶小则香不涣散，味不耽搁"，这是品茶人在长期品饮实践中的经验总结。

同时，中国最有特色的江苏宜兴紫砂茶具应运而生。据考证，紫砂茶具最早应出现于宋代，但真正大规模出现和应用是在明代，这与饮茶普遍使用叶茶相关。宜兴无釉陶土讲究器具的自然之美。紫砂茶壶具有泡茶不走味，茶汤不易馊变，泥色多变，茶壶使用愈久，愈光润悦目。宜兴是以紫砂而出名的陶都。

从唐代24茶器至宋代十二先生，到明代仅一、二件或几件器具，饮茶在明代有了自然简朴的时代特点，艺术追求和社会风尚等通过茶具的造型、图案等手段表达出来。

明代开始，用瓷壶或紫砂壶沏泡茶叶逐渐成为时尚。可以以壶沏茶，以杯盛之品饮；也可以壶泡茶，小口啜饮；明代茶杯式样各异，有轻盈玲珑的青花小杯，青白釉小杯、黄釉刻花小杯等，纹饰各有不同，千姿百态，有青花缠莲纹小杯、花鸟纹小杯等。

由于是散茶替代了团饼茶，出现了一种全新的茶具类别，这就是贮茶器具，它的特点是口小，腹大，口小的特点是避免空气、湿气入内，腹大的特点是便于贮放一定量的茶叶。有锡制、瓷器、陶器等贮茶器具。

（六）清代的茶具与"烹茶四宝"

清代茶具在形制上基本沿袭明代，但在器具的纹饰方面，由于瓷器彩釉的全盛发展，清代茶器具更加富丽多彩。古典名著《红楼梦》中记载了代表达官贵人阶层使用与崇尚的众多茶具，如官窑脱胎填白盖碗、成窑五彩小盖盅、海棠花式雕漆填金云龙献寿的小茶盘等。

在江南地区尚有代表徽派文化的饮茶风尚，用的是锡制茶壶烧水，锡罐贮茶，盖碗泡茶。刘仁山制作的锡制贮茶罐堪称贮茶器一绝。盖碗茶具有各种釉彩，还有各种绘画艺术、书法艺术的修饰，使清代茶器具更具有浓郁的风雅文化气息。江南地区还广泛使用暖笼的藤编茶器或漆绘木质暖笼，里面放的是提梁瓷茶壶，可随斟随饮。十分符合"茶须热饮"的养生道理。

"烹茶四宝"亦称"功夫茶茶具"。流行于闽南与潮汕地区，它是饮用功夫茶的组合茶具。由壶、杯、炉、砂铫四件组成，即孟臣壶、若琛杯、潮汕炉、玉书碨。清代袁枚《随园食单》："杯小如胡桃，壶小如香橼。"记载的就是流行于潮汕一带功夫茶品饮文化。其茶叶产自潮州凤凰山，香锐、味浓，小杯啜饮，符合口味较重的当地人的品饮习惯。

清代普通百姓家庭还流行"茶娘式"的泡茶法，即下地干农活时，肩扛锄头，前一头挂个陶壶或四系茶壶，置一把土茶冲上开水，凉了后饮用，待茶水少了，再冲开水。留在壶中的湿茶与底部浓些的茶汤俗称"茶娘"。

（七）现代茶具

现代茶具从质地、制作、材料不同可分为陶土茶具、瓷器茶具、玻璃茶具、金属茶具和竹木茶具等。在1980年前，国内茶具十分简单，基本上是各种质地的茶杯、瓷壶、紫砂壶与盖碗及茶叶罐。随着物质生活的提高，茶器具伴随着茶道文化的复兴而发展。现代茶具按其质地和用途可有多种分类方法，如按茶器具的用途进行分类，可分为主泡器、辅泡器、储茶器、湿器这四类。下面分别简单介绍一下。

1. 主泡器　主要的泡茶用具，有茶壶、公道杯、茶杯、盖碗、茶海等，如茶壶，根据质地不同有陶壶、瓷壶、锡壶、玻璃壶等。公道杯、茶杯、盖碗等均如此。

茶海（茶船）：用来放置茶壶、公道杯等器皿的容器，以盛接泡茶过程中流出或倒掉之茶水。

公道杯：茶壶内之茶汤浸泡至适当浓度后，茶汤倒至公道杯，再分于各小杯内，茶汤浓度均匀。亦可于公道杯上覆一滤网，以滤去茶渣、茶末，其功用是使茶汤具有明亮、清澈的作用。没有专用的公道杯时，也可以用茶壶代替。

茶杯：茶杯的种类、大小应有尽有，喝不同的茶用不同的茶杯。主泡器用玻璃杯的适宜细嫩名优绿茶。

闻香杯：是从台湾流行后传入内地的品茶器具，适宜乌龙茶的香气鉴赏。

盖碗：分为茶碗、碗盖、托碟三部分。

茶盘：用以承放茶杯或其他茶具的盘子。也可以用作摆放茶杯的盘子，茶盘有木质、竹质、瓷质等，形状有圆形、长方形等多种。

2. 辅泡器和其他器具

辅泡器：辅助泡茶的用具，如茶巾、茶盘、茶匙等。湿器：泡茶用水器具，如煮水器、热水瓶、水盂等。储茶器：存放茶叶的器皿。

茶叶罐：储存茶叶的罐子，必须无杂味、能密封且不透光，其材料有锡罐、铁皮罐、不锈钢、锡合金及陶瓷、木质茶罐等。

茶夹：茶夹功用与茶匙相同，可将茶渣从壶中夹出。也可用它来夹着茶杯洗杯，防烫又卫生。

煮水器：泡茶的煮水器，目前较常见者为电热壶、随手泡、饮水机及酒精灯等。

茶则：茶则为盛茶入壶之用具，一般为竹、木制品。

茶漏：茶漏是置茶时放于壶口，以导茶入壶，防止茶叶掉落壶外。

茶荷：茶荷的功用与茶则类似，皆为置茶的用具，但茶荷更兼具赏茶功能。

茶针：茶针的功用是疏通茶壶的内网（蜂巢）或壶嘴，以保持水流畅通。

茶匙：形状如汤匙故称茶匙，用来取茶和投茶，也可挖取泡过的茶壶内茶叶，茶叶冲泡过后，往往会紧紧塞满茶壶，加上一般茶壶的口都不大，用手挖出茶叶既不方便也不卫生，故皆使用茶匙。

茶巾：茶巾的主要功用是干壶，于酌茶之前将茶壶或茶海底部滞留的水渍擦干，亦可擦拭滴落桌面之茶水。

3. 不同质地茶具

（1）瓷器茶具：紫砂茶具是陶器的一种，有肉眼看不见的气孔，能吸附茶汁，蓄积茶味，并具有传热缓慢不致烫手的特点，老的的紫砂壶冷热骤变，也不会破裂；紫砂壶中的茶汤还不易馊变。其烧制火温在 1 000～1 200℃之间，成品质地致密。用紫砂壶泡茶，既不渗漏，香味醇和，保温性好，无熟汤味，能得茶真味，一般认为用来泡普洱老茶、乌龙茶等最能展现紫砂壶的特色。

（2）瓷器茶具：泡茶瓷器以白为宜，能映衬茶汤色泽，性能上恰介于玻璃与紫砂之间，传热、保温性适中，对茶不会发生化学反应，泡茶能获得较好的色泽对比，造型以精巧美观为宜，适合用来冲泡轻发酵、重香气的茶，如文山包种茶。

（3）玻璃茶具：玻璃质地坚硬，宜阴柔之美的细嫩茶芽沏泡。在冲泡过程中能观赏茶叶上下浮动的优美姿态、叶片逐渐舒展的情形以及吐露茶汤颜色的细腻过程，一览无遗。玻璃茶具的缺点是易破碎、较烫手，但价廉物美。用玻璃茶具冲泡龙井、碧螺春等绿茶，杯中气雾飘渺，芽叶青翠、亭亭玉立，或旗枪般齐整排列、赏心悦目别有风趣。其特点是质地透明、传热快、不透气。

（4）其他质地的茶具：纸杯（小纸杯），小纸杯盛茶汤奉客，在人流量大的商场、博物馆、或茶文化活动场所，有其使用的意义，尤其是不便于清洁消毒茶具的情况下。纸杯盛茶汤要求奉茶快速进行，否则，茶汤色泽变化甚快，影响品饮。

塑料茶具往往带有异味，以热水泡茶对茶味有影响，用保温杯泡高级绿茶，因长时间保温，香气低闷并有熟味，亦不适宜。

第四讲

茶诗词、歌赋与茶画

在中国茶文化发展的历史长河里，产生了许多茶诗词、歌赋、茶画等艺术作品，这些咏茶诗词具有数量丰富题材广泛和体裁多样的特点，其表现的题材中包括茶叶的生产、制作、品饮，及与茶有关的人物和事件等。通过欣赏这些作品，可以了解中国茶文化的丰富内容，了解中国传统文化在茶事活动中的生动表现，有助于茶艺师增进对中国茶文化历史的了解和认识，并可从中体会饮茶活动给予人们物质生活的满足以及精神文化享受，从而增进茶艺师的人文素养，促进社会精神文明建设。

茶的文化和艺术的特点是形式生动，它通过视觉、听觉等产生艺术美感，通过审美使其中蕴含的内容潜移默化到人的思想中，并通过艺术形式的承载，源远流长，经久不息，成为根植于传统文化的本土文化。

一、茶诗

（一）张载《登成都白菟楼诗》

"借问杨子舍，想见长卿庐。程卓累千金，骄侈拟五侯。门有连骑客，翠带腰吴钩。鼎食随时进，百和妙且殊。披林采秋橘，临江钓春鱼。黑子过龙醢，果馔逾蟹蝑。芳茶冠六清，溢味播九区。人生苟安乐，兹土聊可娱。"诗文描写了四川成都一带的丰富物产，盛赞了饮茶的享受及对此片土地的眷恋之情。

（二）孙楚《出歌》

"茱萸出芳树颠，鲤鱼出洛水泉。白盐出河东，美豉出鲁渊。姜桂茶荈出巴蜀，椒橘木兰出高山。蓼苏出沟渠，精稗出中田。"此处茶荈是中国古代茶的名字之一。关于茶的内容不多，但点出了了茶的原产地，是中国比较早期明确阐述茶树原产地的珍贵文献。孙楚（约218—293）字子荆，西晋诗人。一说约生于曹魏文帝黄初二年（221年），卒于西晋惠帝元康三年（294年）。太原中都（今山西平遥西北）人。史称其"才藻卓绝，爽迈不群"，刘义庆《世说新语》载其轶事一二。

（三）左思《娇女诗》

"吾家有娇女，皎皎颇白晰。小字为纨素，口齿自清历。有姐字惠芳，眉目粲如画。驰骛翔园林，果下皆生摘。贪华风雨中，倏忽数百适。心为茶荈剧，吹嘘对鼎沥"。

这是西晋著名作家左思（约250—305年）所作，在诗中左思描写了自己娇小可爱的两个女儿，小的叫纨素，吐词清晰，口齿伶俐，长长的刘海，快要遮掩住洁白的额头，白皙的耳朵，仿佛一对宝玉；姐叫惠芳，像是从画上走出来的美人。她们在园中开心玩耍，娇憨可爱，玩得渴了时，急于想饮茶解渴，对着茶炉吹火，弄得满脸油烟。这里的茶荈是中国古代茶的名字之一。

（四）卢仝的《走笔谢孟谏议寄新茶》

日高丈五睡正浓，军将打门惊周公。口云谏议送书信，白绢斜封三道印。开缄宛见谏议面，手阅月团三百片。闻道新年入山里，蛰虫惊动春风起。天子未尝阳羡茶，百草不敢先开花。仁风暗结珠琲瓃，先春抽出黄金芽。摘鲜焙芳旋封裹，至精至好且不奢。至尊之余合王公，何事便到山人家？柴门反关无俗客，纱帽笼头自煎吃。碧云引风吹不断，白花浮光凝碗面。一碗喉吻润，二碗破孤闷。三碗搜枯肠，唯有文字五千卷。四碗发轻汗，平生不平事，尽向毛孔散。五碗肌骨清，六碗通仙灵。七碗吃不得也，唯觉两腋习习清风生。蓬莱山，在何处？玉川子乘此清风欲归去。山上群仙司下土，地位清高隔风雨。安得知百万亿苍生命，堕在颠崖受辛苦。便为谏议问苍生，到头还得苏息否？

　　这是一首著名的咏茶的七言古诗，这是卢仝在品尝友人所赠新茶之后的即兴疾书之作，261字的长诗，一气呵成，文字朴素，却挥洒自如，为历来文人墨客所推崇。从诗的内容来看，无疑是一首借茶而讽喻时弊的讽喻诗，"天子未尝阳羡茶，百草不敢先开花。"其锋直指皇帝，但文字巧妙，使人无隙可寻。"山中群仙司下土，地位清高隔风雨。"借神仙不知人间疾苦，而直诉当官的不体恤老百姓，最后以"便为谏议问苍生，到头合得苏息否"一句责问句结尾。友人孟谏议好意送新茶给卢仝，而卢仝不但不领情，反而以此来责问这位好心的赠茶者。这里责友是假，针砭时弊是真。宋人胡仔《苕溪渔隐丛话》中评论道："玉川之诗，自出胸臆，造语稳贴，得诗人句法。"

　　卢仝一生爱茶，深得饮茶妙趣，但他的茶诗较少，《全唐诗》收存卢仝诗107首，茶诗唯独只有这一首。由于此诗人生动地描写了饮茶品茗后的奇妙感受。他用神奇浪漫的笔墨，写得绘声绘色，令人神往，把茶提神醒脑、激发了文思，净化灵魂与天地交融，凝聚万象的功能渲染得淋漓酣畅。因此，后人往往把他一碗到七碗的一段诗单独摘出来，大加赞赏，被称之谓"七碗茶歌"。

卢仝《七碗茶歌》一出，就成为文人雅士喜爱并推崇备至的一篇茶诗杰作，亦成为人们吟茶咏茶的典故，连卢仝的别号玉川子也成为后世诗人津津乐道的题材，诗人骚客品茗赏泉之余，每每以"玉川子"、"卢仝"自比。兴致酣然，又常以"七碗""两腋清风"代称，自唐宋至元明，诗人词人曲家以卢仝咏茶典故入诗入词入曲不胜枚举。《七碗茶歌》立意高超，笔墨精湛，堪称茶诗中的经典之作。

（五）皎然的《饮茶歌诮崔石使君》

"越人遗我剡溪茗，采得金芽爨（烹）金鼎。素瓷雪色飘沫香，何如诸仙琼蕊浆。一饮涤昏寐，情思爽朗满天地。再饮清我神，忽如飞雨洒轻尘。三饮便得道，何须苦心破烦恼。此物清高世莫知，世人饮酒多自欺。愁看毕卓瓮间夜，笑向陶潜篱下时。崔侯啜之意不已，狂歌一曲惊人耳。孰知茶道全尔真，唯有丹丘得如此。"

诗人在饮用越人赠送的剡溪茶后，激情满怀，文思似泉涌井喷，在细腻地描绘茶的色、香、味、形后，生动的抒发了饮茶过程中的身心感受。"三饮"便得道了，而这个道是世人极难得到的，连"采菊东篱下，悠然见南山"的陶渊明以田园生活隐居，寄情于田园山水的超脱行为都甚为可笑，茶的三饮便得道，得到道的全而真？只有传说中的仙人丹丘子是了解的。

皎然，唐代诗僧，字清昼，本姓谢，为南朝谢灵运第十世孙，浙江湖州人。生卒年月不详。他是陆羽的好友，比陆羽年长十多岁，与其结为忘年之交。皎然是第一个提出"茶道"概念的人。

（六）元稹《一字至七字诗茶》

茶

香叶，嫩芽。

慕诗客，爱僧家。

碾雕白玉，罗织红纱。

铫煎黄蕊色，婉转曲尘花。

夜后邀陪明月，晨前命对朝霞。

洗尽古今人不倦，将至醉后岂堪夸。

宝塔诗，原称一字至七字诗，从一字句至七字句逐句成韵，或叠两句为一韵，后又增至八字句或九字句，每句或每两句字数依次递增。元稹（779—831）唐代诗人，字微之，河南洛阳人，曾任监察御史，因得罪宦官遭到贬斥，后转而依附宦官，官至同中书门下平章事，最后暴卒于武昌军节度使任所。和白居易友善，常相唱和，世称"元白"。

（七）范仲淹《和章岷从事斗茶歌》

年年春自东南来，建溪先暖水微开。

溪边奇茗冠天下，武夷仙人从古栽。

新雷昨夜发何处，家家嬉笑穿云去。

露芽错落一番荣，缀玉含珠散嘉树。

终朝采掇未盈襜，唯求精粹不敢贪。

研膏焙乳有谁制，方中圭兮圆中蟾。

北苑将期献天子，林下雄豪先斗美。

鼎磨云外首山铜，瓶携江上中泠水。

黄金碾畔绿尘飞，碧玉瓯中翠涛起。

斗茶味兮轻醍醐，斗茶香兮薄兰芷。

其间品第胡能欺，十目视而十手指。

胜若登仙不可攀，输同降将无穷耻。

　　吁嗟天产石上英，论功不愧阶前蓂。

　　众人之浊我可清，千日之醉我可醒。

　　屈原试与招魂魄，刘伶却得闻雷霆。

　　　卢仝敢不歌，陆羽须作经。

　　森然万象中，焉知无茶星。

　　商山丈人休茹芝，首阳先生休采薇。

　　长安酒价减千万，成都药市无光辉。

　　不如仙山一啜好，冷然便欲乘风飞。

　　　君莫羡花间女郎只斗草，赢得珠玑满斗归。

　　这首《斗茶歌》在众多咏茶诗中最为脍炙人口，造诣最深远。《诗林广记》引《艺苑雌黄》说："玉川子有《七碗茶歌》，范希文亦有《和章岷从事斗茶歌》，此两篇皆佳作也，殆未可以优劣论。把范诗和卢仝《七碗茶歌》相媲美，双峰并峙，两星相辉。范仲淹这首《斗茶歌》一出便广为传颂。

　　诗中范仲淹对当时盛行的斗茶活动作了很精彩的描述，诗内容分三部分，先是写茶的生长环境及采制过程，并点出建茶的悠久历史。中间部分描写热烈的斗茶场面，斗茶包括斗味和斗香。比赛在大众广目下进行，所以茶的品味高低，都有公正的评价。因此，胜者很得意，失败者觉得很耻辱。结尾多处用典，衬托茶的神奇功效，把对茶的赞美推向了高潮。认为茶胜过任何美酒、仙药，啜饮后能飘然升天。诗歌写得夸张浪漫，壮丽无比。确是茶诗中堪于"七碗茶歌"并称茶诗双壁之佳作，而宋代茶诗也因为有了这首诗而毫不逊色于唐代茶诗。

（八）苏轼《次韵曹辅寄壑源试焙新茶》

　　　仙山灵草湿行云，洗遍香肌粉末匀。

　　明月来投玉川子，清风吹破武林春。

> 要知玉雪心肠好，不是膏油首面新。
>
> 戏作小诗君勿笑，从来佳茗似佳人。

诗中对寄自壑源的试焙新茶进行一番赞美后，拟人化将佳茗比作佳人，进一步使人对茶叶之美有了更强烈的感受。比喻之大胆，使人耳目一新。一句"从来佳茗似佳人"，堪称千古咏茶之绝唱。

（九）苏轼《汲江煎茶》

> 活水还须活火煎，自临钓石取深清。
>
> 大瓢贮月归春瓮，小勺分江入夜瓶。
>
> 雪乳已翻煎处脚，松风忽作泻时声。
>
> 枯肠未易禁三碗，坐听荒城长短更。"

诗开头写作者亲临钓台去取"活水"显示了对煎茶的重视。三句四句则是对取水过程美好心理感受的描述：动中有静，静中有动，给人以诗情画意般的美感。五六句是对煎茶的声响比喻成松涛大作。茶人的心态与大自然浑成一体。最后一句里说：碗茶入腹，顿觉驱困精神，彻夜不倦。能清晰地听到荒城（指儋州）深夜的长短更声了。这一句"未易禁三碗"与卢全"七碗清风生"形成鲜明的对比，表明作者对茶的深刻体会。

苏轼，字子瞻，号东坡居士，眉州眉山人。北宋著名大文学家。家学渊源。祖父苏序，即好读书善写诗。父苏洵，更是独步一时的古文名家。母亲程氏有知识且深明大义，曾为幼年苏轼讲述《后汉书·范滂传》。所以，当苏轼21岁出蜀进京时，他的学识修养就已经相当成熟了。苏轼一生写茶诗数以百计。

二、茶赋——杜育《荈赋》

"灵山惟岳，奇产所钟，厥生荈草，弥谷被岗。承丰壤之滋润，受甘霖之霄降。月惟初秋，农功少休，结偶同旅，是采是求。水则岷方之注，挹彼清流；器择陶拣，出自东瓯；酌之以匏，取式公刘。惟兹初成，沫成华浮，焕如积雪，晔若春敷。"

这首《荈赋》是现在能看到的最早专门歌吟茶事的诗赋类作品，是我国古代早期茶文化的文学基础。作品中"酌之以匏，取式公刘"，其意是杜育从事茶汤艺术，如先贤公刘那样，饮茶用具是用葫芦剖开做的饮具。此引自《诗经·大雅·公刘》章节的"酌之用匏"。

杜育被后世人誉有"美丰姿"的雅号，杜育是使饮茶具有风雅文化的第一人，由于赋予饮茶活动审美艺术，并以此来涵育人的修养，故可认为杜育《荈赋》标志着中国茶道文化的萌芽。

三、茶歌——陆羽《六羡歌》

不羡黄金罍，
不羡白玉杯。
不羡朝入省，
不羡暮入台。
千羡万羡西江水，
曾向竟陵城下来。

陆羽此歌作于唐德宗贞元6年，闻智积禅师去世，失去人生中唯一的亲人，十分伤感，做诗记念。相传陆羽为一弃婴，由天门西塔寺智积禅师收养并长大。《鸿渐小传》记载："陆羽少事竟陵禅师智积，异日羽在他地，闻师亡，哭之甚哀，做诗寄怀……"诗中的黄金罍，白玉杯、均为宝物。入省入台做官。全诗朴实无华，通俗易懂。既表述了陆羽对家乡恩师的怀念之情，又反映了陆羽一生不求富贵，淡泊名利的人生理念。

四、郑板桥《竹枝词》

> 溢江江口是奴家，
> 郎若闲时来吃茶。
> 黄土筑墙茅盖屋，
> 门前一树紫荆花。

清代郑板桥（1693—1765），名燮，字克柔，板桥是他的号。在"扬州八怪"中，郑板桥的影响很大，诙谐幽默，在民间有许多趣闻轶事为百姓喜闻乐见。该《竹枝词》表达了一个女子对心仪之人的爱慕之情，同时也体现了传统文化的含蓄之美。内敛之中有敢于直率表达的一面，读来生动传神。

五、茶画

自饮茶成为一种生活内容之后，茶画便自然地出现在历代的文人笔墨之下。留存至今的历代茶画从多方面反映了茶文化历史，通过观赏，可以直观地了解某一时代具体的饮茶方式与方法，可以了解每一时期特定的社会阶层对品茶环境的追求、品茶意境的营造、服饰文化、器具配置特点等等相关内容。另一方面通过茶画的欣赏，给我们带来视觉享受与精神陶冶，可以培植观赏者的审美情趣，有助于培养茶艺师雅艺文化素养。

观赏唐阎立本《萧翼赚兰亭图》，可知唐代僧人有以茶待客的内容，唐代是煮茶的，在煮茶的过程中还有用夹子搅动釜中水的过程；唐周昉《调琴啜茗图》和作者不详的《宫乐图》中可见唐代仕女的丰韵与唐人尚丰肥的审美趣味，同时可知早在唐代人们就把听琴、吹箫与品茗结合在一起，把品茶与文化艺术紧密结合，平添诸多生活情趣。

宋徽宗赵佶《文会图》、河北宣化下八里辽墓壁画中的茶画、南宋刘松年的《撵茶图》、《茗园赌市图》、《斗茶图》、元代赵孟頫《斗茶图》等都生动地反映了社会各阶层饮茶活动的方方面面，对人们了解当时的饮茶文化，包括茶末制作、点茶方式、品饮方法与茶具类型等有了直观的了解。

明代、清代乃至民国茶画有一个明显的变化，品茶活动往往追求山野之趣，把品茶与自然山水紧密结合在一起。如明·文征明《惠山茶会图》、明·唐寅《事茗图》、清·黄慎《采茶图》、明·陈洪绶《品茶图》及无名氏《泛舟清饮图》等等。

以《泛舟清饮图》为例，一条有蓬小船在碧波荡漾的水面上轻缓移动，天空有大雁飞过，主人公右边侧坐一位吹箫之人，左边一位僧人正在与主人公清谈，还用右手指点，加强语言表达，主人一副认真倾听的样子，主人公前有一只茶杯，船头置放一个炉子，一个童子正用扇子扇火炉，炉子上一把紫砂壶正在煮水。这幅茶画基本上代表了明代至今文人雅士对品茶活动意境的追求。往往追求青山环抱、碧波荡漾、林木苍翠、溪流潺潺、茅屋数间。以"明月松间照，清泉石上流"为胜境。以品茶助清谈，以有清雅脱俗之士同品为佳，可探究世界事物的至理玄妙和世界万物的因缘。品茶之暇，或品茶之中间以雅乐可增添品茶的情趣。历代茶画里最突出的内容是童子煮水或煮茶，与现代理念有悖，现代儿童多在小学或幼儿园。还有封建时代外出一般多是男性，女性往往大门不出、二门不迈。所以，煮茶童子或书童往往是男孩的缘故。

　　文化的传承有相当的延续性，自唐代开始的琴、萧与品茶的结合至今仍被时人推崇。自明代开始的品茶与自然山水结合也如此，江南各地凡有胜景之处，往往有茶室；清代、民国茶馆中产生各种戏曲供品茶观赏；现代茶艺馆中布置众多景观均一脉相承。品茗赏景是永恒的、挥之不去的文人雅士的情结。

西湖龙井简史

第五讲
相关传统文化知识

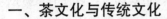

一、茶文化与传统文化

（一）茶文化与儒、释、道文化

在数千年的历史长河里，茶文化产生与发展的过程中，不断吸收中国原始道教文化、佛教文化、儒家文化的思想精髓，形成了丰富而独特的中国茶文化。其原因在于，茶的发现和利用归功于中国的原始道教文化，由于茶之为用最早当属药用，发轫于古代的方士与炼丹家，中国古代炼丹家往往入山修炼，把茶作为轻身换骨，长得元气的仙药。如三国时代葛元曾在浙江天台华顶峰辟炼丹井，择水炼丹。正是中国古代寻求长生不老之人，普遍以茶养生，以茶作为修炼得道的途径，我们称之为"茶、道同源"；而饮茶的传播则归功于佛教文化的传播，从封演《封氏闻见记》所载，可知山东、河南、河北、陕西一带饮茶是佛教文化传播所致。杭州有茶亦是晋代所建天竺寺、灵隐寺的僧侣栽茶之缘由。茶种传播至日本、韩国依就归结于佛教文化传播。使饮茶具有风雅文化艺术归功于儒家文化思想，如晋杜育《荈赋》对饮茶活动进行规范，如唐代常伯熊在饮茶活动中"广为润色之"，明代以来茶器具与绘画、篆刻、书法等艺术结合。

（二）品茶休闲与传统文化

当我们去一个茶艺馆或茶楼消费时，往往会看到茶楼的门面装修或茶楼的品茶氛围以中式的、传统格调（或称古典式）的为多，当我们欣赏一个茶艺表演的时候，往往是乡土式的或是传统格调的为多，尤其是风景区的建筑大多是传统建筑或地域文化或寺院、道观的建筑，风景往往多是自然景观；甚至当下流行的会所建筑或装饰风格大都亦是传统式的或乡土式或具有地域文化的元素，台湾"无我茶会"、"禅、茶、乐"活动往往选择寺院、道观场所，以便有良好的环境氛围。这说明茶文化的表现形式离不开中国传统文化，因此中国的传统文化是茶艺师应该了解或掌握的基本内容。

去茶馆喝茶，是休闲、会友；欣赏茶艺表演是休闲、消遣；去风景区旅游亦是休闲、消遣；会所更是成功人士休闲、消遣的场所。由此分析，人们休闲时，需要松弛神经、获得放松、有轻松愉悦的心情。中国人在长期的历史文化熏陶中，形成了与环境氛围的同步与共鸣，中国人实际上是中国传统文化氛围中的一分子。因而当人们在紧张的工作之余，身心疲惫去休闲时，有与之相适应的环境，往往会产生轻松、愉快的感觉。

传统式的、乡土式环境这里已经说明，自然环境式的也能获得这种感觉，如碧波荡漾、浓荫绿叶、垛山叠石等，主要原因是人与自然有着亲密关系，恰如婴儿与母亲，人的一切生活资源均源于自然，因而人与生俱来与自然有天然的亲和力。

（三）传统文化与西方文化

下面简单谈谈中国传统文化与西方文化的区别。在中国人类社会发展数千年的历史长河里，中华民族创造和积淀了悠久与灿烂的文明，八千年前的浙江跨湖桥遗址，六千年前的余姚河姆渡遗址，五千年前的良渚文化遗址均表明中国是文明古国。在思想领域，文王演易、老子论道、孔子崇礼、敦颐理学等等为中华民族的文化增添了极大的深度与厚度。因而中国传统文化是中华民族在长期的社会生活实践中积淀起来的精神遗产，也是中华民族特有思维方式的精神体现。它包括思想观念、思维方式、审美取向、教育科技、价值取向、道德情操、生活方式、礼仪规范、风俗习惯、宗教信仰、文学艺术等诸多层面的内容，而本文仅涉及其中几点。

中国文明以农业生产方式为主，其文明成就曾引领世界历史发展潮流，自唐代至明代，日本、韩国等诸多国家派遣人员前来中国学习、交流，由此中国古代文明辐射到了周边许多国家，形成了中华文化辐射圈。造纸、火药、印刷、指南针、冶金、茶道、陶瓷、中医、航海、建筑以及思想、哲学、艺术等等均不同程度地参与了世界文明的形成，对世界文化的发展产生了积极影响，这是国人的骄傲。

上下数千年，纵横数万里，考察中国文化与世界其他国家文化的特点，就会发现，西方文化与中国文化的差异。特别是明代以来，西方以蒸汽机的发明作为突出点开始兴起了工业革命，并以借助于身体之外的工具（望远镜、显微镜、电脑等仪器与设备）走自然科学分析的道路，突显出科学的优势，迅速影响与改变了西方文化在世界文化圈中的比重与地位。西风东渐，中国也不例外，近二百年来西方文明在多方面影响和改变了中国，至今仍对中国社会生活的方方面面产生影响。

在西方文化主宰世界的数百年中，人们习惯以征服自然为目的，炸山、建坝、砍伐无度、生物多样性不断减少，导致洪水泛滥、沙漠化严重、大气变暖，生态平衡遭到破坏，酸雨普及，淡水资源匮乏，大气和水体受到污染，如果不进行改变，必将威胁人类的未来发展与生存。

西方自然科学走的是分析的道路，从细胞、元素、分子、质子、电子、夸子、越分析越小，有人认为永不能穷尽，有人认为分析是有尽头的。西方文化是借助于人体之外的仪器、器物来认识世界事物的，中国文化是以人的感觉（视觉、听觉、嗅觉、味觉、触觉等）来认识世界事物的；在这样一个特定的历史时期，我们应该考虑一个问题，西方文化风靡世界还能走多久？21世纪初中国社会经济文化快速发展，影响力日益扩大，令世界瞩目，表明中国经验型的综合思维亦有助于人类的可持续发展，东方文明将重新崛起。

从世界范围来看，各国的文化组成了世界文化，古老文明的中国在吸收西方文明成果后，不断进步，顺应了时代发展潮流。但绝不应该有崇洋媚外的心理，日本、韩国、新加坡等受中国文化圈影响较深地区的经济文化地位在世界上有目共睹。

西方文化是以一点，个体或局部来考虑问题的，中国人是从整体来考察问题的，集中体现在西医与中医的不同，西医认为哪一器官出了问题，就针对该部位来用药，或动手术，甚至更换器官，而中医是从人的整体来考察身体的健康状况，用药是综合性的。因而在饮茶与人体健康关系上，中国人是用五千年的实践经验指出饮茶有益身体健康，而以美国食品和医药管理局为代表的西方文化至今仍认为："饮茶对身体健康至今仍无确切的临床研究证实。"作为茶艺师要弘扬茶文化，不断加深饮茶对人体健康的认识，宣传饮茶有益人体健康的作用。

（四）品茶是"格物致知"的一种途径

在哲学与思想方面，儒家文化讲究"格物、致知、诚意、正心"而后可"修齐治平"，修身是根本，前四者是修身的基础和方法，后三者是修身的目的。格物在于明辨事物，只有明辨事物才能得到正确的认识。当人们观色、闻香、品味茶汤时，用视觉细胞、嗅觉细胞、味蕾细胞、口腔黏膜、喉咙等接触、触碰、浸润茶汤，渗入齿颊，感受甘、醇、爽、滑、香等等，会激发人们去了解事物的因缘，培植研究与探索精神。因而当我们欣赏卢仝"七碗茶歌"时，会理解为何脍炙人口，流传久远，因为卢仝茶歌已全面超越了前面的五官感受，进入了全新的以身体全方位的感觉，如"喉咙润"、"搜枯肠"、"发轻汗"、"肌骨清"乃至"两腋习习轻风生"，达到"格物致知"的新境界。

饮茶活动可穷究茶之精、水之清、具之美，可多方面亲历其事，亲操其物，而后明辨事物，尽究天地自然万物之理。格物之后可以致知，有了认识，才能明是非。知至而后意诚，不妄语，不欺人，修德养性。意诚而后心正，不为物欲、情欲所蔽，公正诚明，无所偏倚。饮茶有"清心"之功效，在古代茶器具上往往题有"可以清心也"，清心是指能清洁心灵，端正人的思想与理念，能避免或减少人的一时冲动，无疑饮茶有助于心正。心正而后身修，身修而后可齐家、治国、平天下。茶人理应以茶明志，积极参与社会事务，摒弃"穷则独善其身"的理念，为社会文明和进步服务。

二、饮茶与养身修性

五千年的悠久茶文化，记载与说明饮茶可以养身，饮茶可以修性的史料浩如烟海，现代科学的进展不断揭示茶叶中含有多种有益人体健康的营养物质与药理成分，如茶多酚、氨基酸、茶多糖、水浸出物、各类维生素和微量元素等。更重要的是，饮茶不但可以养身，还可修性，敏捷思维，清醒头脑，端正思想。

茶叶产于山林，由于空气清晰，山清水秀，环境污染较少，孕育了独特的优良品质。"凝山川之秀气，聚日月之精华"的茶叶，是人们理想的饮品，尤其在营养摄入过剩时代，饮茶是减肥健身，维系身体健康的自然饮品。

饮茶与健康是人们十分关切的话题，现在绝大多数人认同的观点，是从科学角度去认识的。实际上除了科学之外还有两种途径，一是从中国传统文化的角度去认识，二是可从古人对饮茶与健康的作用去认识。

从科学角度去认识饮茶与健康关系，是人们对饮茶认识的初级阶段，也可以说是十分浅显易懂的，主要内容是饮茶对人体硬件的健康；从中国传统文化的角度去认识"饮茶与健康"及了解古人对饮茶的认识，会从多方面综合考虑健康的本质。

（一）饮茶符合健康新概念

过去人们对健康的认识是器官没有病灶或者体质健壮，就是身体各器官无器质性病变。随着社会的进步，建立了"生物—心理—社会"医学模式，健康概念有了新的内涵。1948年世界卫生组织在其宪章中指出："健康不仅是免于疾病和虚弱，而且是保持身体上、精神上和社会适应方面的完美状态。"1989年世界卫生组织给"健康"下了这样定义："身体无疾病不虚弱，心理无障碍，良好的人际关系和适应社会生活能力，只有当这三方面的状态都达到良好时，才是完全意义上的健康。"指出了心理健康已是健康概念的重要组成部分。

　　饮茶不但有益于身体各器官的健康，饮茶还可保持心理健康，因为饮茶可使头脑清醒，思维理智，如华佗《食论》："苦荼久食益意思"。心情怡然，有助于人的身体健康，所谓"笑一笑，十年少"就是指心情舒畅，可延年益寿。而饮酒则易使人乱性，饮茶可寡欲；饮酒易暴躁（发酒疯），饮茶可静心；饮酒易妄语，饮茶可使人理智。所以，饮茶可从多方面保持心理健康。

　　饮茶还具有使人心平气和的功能，头脑清醒，理智，使人明伦理，重礼仪，因而会尊敬他人，从发型、服饰到动作、姿势、语言、表情等多方面保持端庄、谦和，使他人感到被尊重，使他人有如沐春风的感觉，与其他人相处，就会比较融洽。因而饮茶可以使人具有良好的人际关系和适应社会生活能力。

　　（二）从阴阳学说论饮茶有益人体阴阳平衡

　　从饮料满足人类饮用需求的方面看，西半球有咖啡、可可，东半球有茶叶，大自然十分公平。从中国传统文化的阴阳学说来理解饮茶与健康的话，我们可以认为饮茶有益人体阴阳平衡。为什么呢？我们知道世界万物都有阴阳之分，如生姜性热属阳，茶性寒属阴，酒与茶是属性相反的物质。

　　人类在演化之初，大家知道是爬行的灵长类哺乳动物。此时人体应该是阴阳平衡的，可以不喝茶。当古猿直立起来后，用两只脚行走，解放了双手，可以劳动，从而产生了人类。这是人类演变史上的大事。然而人的整个身子的重心离地面远了，得到的地气相对减少，天为阳，地为阴，从阴阳平衡的角度阐述或从中医论，人容易阴亏。阴亏就有虚火上升，肝火旺，故往往容易动怒，喉长气短，争吵、打架往往是火旺的表现。火旺阴亏的症状是舌红、脾气躁、易怒、易烦躁、喉咙响、嗓门粗都属此类。当然，会被人称为修养不够。而茶性寒，最能降火。茶为饮最宜火旺气盛之人。明李时珍《本草纲目》："茶苦而寒，阴中之阴，沉也，降也，最能降火。"

再者，人类觅食，所摄取的植物类淀粉、碳水化合物，动物类脂肪、蛋白质，在人体消化、吸收过程中将分解出许多热量，易使人的火气更旺。而饮茶，可降火，维系人体阴阳平衡。所以，茶性寒，为饮最宜火旺气盛者。如藏族同胞俗语称"宁可三日无肉，不可一日无茶"就是这道理。

而茶之降火气，是最为人们所熟悉的了，经常喝茶，能使人温文尔雅，和气一团。所以，茶具有"和"的社会精神文明建设作用。吵架的人少了，斗殴的人少了、闹意见的人少了，一时冲动的人少了、触犯法律的人少了。历史上有"吃讲茶"，是矛盾双方请一个德高望重的人在茶馆吃茶议事，请尊者裁决的一种方式。这是"吃茶降火"的应用方式之一。若到酒馆，相反，酒使火旺，一言不合，怒从心头起，恶向胆边生，拔拳相向。

所以，我们可从传统阴阳学说宣传饮茶具有使人体保持阴阳平衡的作用，人体阴阳平衡心情就好，内分泌正常，吃得下，睡得着。若能理解绿茶性寒，红茶性相对偏热。舌苔发白时饮性温、性热的茶、便秘时饮性寒的绿茶，则茶之有功于人体健康大矣。人体阴阳平衡，不易发火，情绪波动平和，往往被人称之为温文尔雅，是修养的表现，这是茶能和谐社会，大利社会的功能。

（三）饮茶与素食降火

还有一个很有意义的自然界现象，就是肉食与素食的区别，我们知道食肉动物如虎、狼、豹、狮、鳄鱼等，往往凶残、蛮横。而素食如牛、马、羊、兔，往往温柔、文静。原因是脂肪、蛋白质之类热量高，产生的热量使其火旺。相反素食的热量远低于动物脂肪，火气不会过旺。人类多饮茶，相对而言，增加了素食的成分，也有使人心理平衡、宁静的作用。

我们若知道了这些道理，就会知道为什么冲动触犯法律的人多是青壮年的缘故。因为年轻人火气旺。这类人要多饮绿茶、铁观音之类性寒之茶。并且，犯法的这些人多是在饮酒后冲动造成的，而不是多饮茶的人。

(四) 年龄与火旺气盛规律

再从火旺与气盛的关系论，人从幼年至青壮年再至老年，火、气也有一个从小至大，再降低的过程。所以，饮茶量的适宜也有一个小孩少喝，青壮年多喝，老年人不宜饮寒性大的茶的道理。

(五) 茶属性的认识与变化 (茶之阴阳)

中医过去对茶的认识是寒性的，这是认识与实践的局限问题，因为中国从晋代 (约公元 300 年) 至清代 (约公元 1600 年)，长达 1300 年的历史中，大都饮用绿茶。而清代开始，茶类得以丰富，有了六大茶类，有绿茶、红茶、黄茶、黑茶、白茶、黄茶。正如人参，红参性温，吃多了还流鼻血。西洋参性凉，偏凉而补，能益肺阴、清虚火、生津止渴，凡欲用人参而受不了人参之温补者，皆可以此代之。所以，茶的性寒论也有必要加以新的认识。故我们可把绿茶、生普洱、轻发酵乌龙茶等列入性寒的茶，最宜青壮年饮用；白茶作性凉的茶；黄茶、茉莉花茶、黑茶、红茶等制作过程中发酵过的茶，作为性平或性温的茶，宜小孩和老年饮用；

从《红楼梦》贾老太太不吃六安茶，但喝老君眉茶的事例，加以研究，可以发现茶叶陈放多年后，寒性逐渐降低，对肠胃刺激作用减小，还有促进消化作用，特别适合老年人饮用。

现在香港、台湾、广东东莞一带，盛行收藏陈年老茶，具有30年左右或以上年份的普洱茶、茯砖茶还具有促进消化、促进微血管循环、止泻，甚至具有增强免疫功能的作用。说明在多年的贮藏后，茶的性寒可逐渐消失，由性寒—性凉—性平—至性温转化，各类物质在微生物的参与下，在长时间的缓慢转化过程中，有些物质消失了，如低沸点和高沸点物质，又有许多新的化合物出现了，甚至成为温补元气的佳品。当然贮藏得法，甚为关键。叶茶易用传统锡器贮存，紧压茶须用纸包裹，贮藏于阴凉、通风之地。

（六）茶能"轻身"

一代医圣陶弘景（456—536）《杂录》："苦荼，轻身换骨，昔丹丘子、黄山君服之"，过去我们认为是仙怪志异之类记载，经茶史专家研究认为，茶确实具有轻身之功效，此"轻"非形容词，是动词。就是说经常饮茶，能使营养过剩的人体重减轻，趋于正常。在当下，社会经济快速发展，营养摄入过多，引起肥胖，大家熟知由肥胖引起的脂肪肝、高血压、高血脂、高血糖成为常见病的情况下，未雨绸缪，饮茶可以防患于未然。唐代陈藏器在《本草拾遗》中说："茶久食令人瘦，去人脂"。那么饮茶为何能轻身？

1. 是茶中的生物碱，可促进中枢神经的兴奋，进而"少卧"，活动多了，能量消耗相对多，进而促进脂肪转化为能量，故可防止脂肪沉积。

2. 是茶叶含有大量的茶多酚，可与游离蛋白质结合成络合物，排出体外，达到减肥去脂的功效。

（七）茶能养身

茶能养身，是指饮茶能维护身体的硬件（人体肌肉、骨骼、血液、神经等细胞），使之处于健康状态。这是传统与现代科学研究的结晶。

1. 饮茶可防病治病 由于许多病症是细菌、病毒入侵人体细胞而引起的，而茶中的茶多酚可杀菌、杀病毒，保护人体细胞。时疫流行时（如流感），嗜茶者往往有更强的免疫能力。

2. 茶可解酒 当酒醉时，神经细胞处于被麻醉状态，而茶中生物碱可兴奋中枢神经，使酒醉者神志恢复。其次生物碱具有促进肾小球过滤率的作用，通过排尿，降低血液中的乙醇。如《广雅》载："其饮醒酒"。

3. 茶叶含有多种人体必需的维生素和微量元素 如维生素 A、维生素 B、维生素 C、维生素 D、维生素 E 等，尤其绿茶含有较高维生素 C，可维系人体视网膜的健康。其他各类维生素和微量元素是人体生命活动中不可缺少的物质，在新陈代谢中发挥着重要作用。

4. 茶中瑰宝—茶多糖 茶多糖是一种酸性糖蛋白，并结合有大量的矿质元素，称为茶多糖或茶叶多糖复合物。具有降血糖、降血脂、增强免疫力、降血压、增加冠脉流量、治疗糖尿病、抗凝血、抗血栓、耐缺氧，提高人体免疫能力等作用。

5. 茶能解渴、消食、去痰、利尿、明目、去腻等等，是千百年来先人的智慧结晶，已成为国人所皆知的常识。

6. 科学饮茶，延年益寿 前面我们叙述了诸多饮茶有益身体健康的内容，但饮茶亦不能过度，在生活实践中，我们总结了以下经验，供茶艺师们参考。空腹不饮浓茶；睡前不饮浓茶；冬天不饮冷茶；身虚体弱不饮浓涩茶；不用茶水服药。

（八）茶能修性

茶被人们作为饮料，"柴米油盐酱醋茶"，是茶的物质文化的体现，满足了人们对饮的需求。而茶对于人的另一层面，"琴棋书画诗歌茶"，承载着五千年的悠久文化，涵育人的修养，提升人的道德情操。"柴米油盐酱醋茶"的茶，人们都能理解，因为是物质性状的，是满足人们物质需求的东西，容易理解。怎样理解"琴棋书画诗歌茶"中的茶能满中人们的精神文化需求呢？一是品茶可让人去"格物"，用感觉器官去接触事物，了解事物，就是说去研究事物，从而掌握世界事物的产生、变化、发展的规律，如水质鉴赏、如茶叶等级、如沏泡技法等。培植人的探索、研究能力，提升人文素养。其次，可从"水丹青"理解，用茶汤作为绘画、书法的载体，绘出的惟妙惟肖的花草鱼鸟或书法是涵育人们审美情趣的一种途径。

纵观中国茶文化发展史我们可以发现，每当国泰民安、社会升平，俗称太平盛世的时候，茶文化就兴盛起来，茶成为维系人们精神文化生活的重要内容。这主要在于饮茶能提神醒脑，促进逻辑思维，纯洁人的心灵。也就是我们经常可以看到的"茶可清心"词汇。"清心"的作用是从根本上端正人的思想，提供物质生活基本满足之后人们的人生动力源泉，有利于促进社会和谐。

1. 除烦　烦躁是情绪的一种表现，容易情绪失控，言语声大、粗，动作或过度，成为修养不够的体现。而饮茶可除烦。其原理，往往是火过旺，人易烦闷、烦恼、烦躁，而茶性寒可降火。使人性情平和，所以饮茶可修性。明顾元庆《茶谱》"人饮真茶，止渴、消食、除痰、少睡、利水道、明目、益思、除烦、去腻，人固不可一日无茶"。

2. 清心 中国古代伟大的医学家、药物学家李时珍（1518—1593）《本草纲目》："茶最能降火，火为百病，火降则上清矣。""上清"是指头脑清醒，"清心"是指净化心灵，端正人的理念。明清时期有诸多茶器上铭有"茶可清心也"，这是先人对饮茶作用的铭记。对"心"的深入分析可以细微玄妙，这里仅谈两点，一是肉心，饮茶可降血脂，维系心血管的健康；二是"良心"和"心猿意马"的心，饮茶可清醒头脑，端正思想，使人闲适平和。

3. 寡欲 无欲则刚，人有正确的人生观和理想，不贪婪，就有一身正气。饮茶可清洁人的心灵，净化人的思想，饮茶还可平缓人的情绪冲动。其物质基础是茶中适量的生物碱，兴奋神经，清醒头脑，不会贪得无厌；其二是避免性的冲动，不犯色戒，而饮酒则易乱性。

4. 茶可明志，可养廉，可行道 自晋代陆纳—唐代陆羽—宋徽宗赵佶，以茶养廉，廉洁奉公的精神，薪火相传，绵延不绝，成为一种传统文化，涵育了中华民族的高尚情操。

（九）饮茶应注意的问题

前面论述了饮茶有益的方方面面，但并不是喝愈多愈好，若能根据茶性、人的性别、季节、地域、年龄综合考虑，辨证饮茶，则饮茶能多方面有益人体健康。为了能让一般读者理解，下面列出饮茶应注意的问题。

1. 冬天不要喝冷茶。

2. 晚上不要喝浓茶。

3. 身体虚弱不喝浓茶。

4. 空腹不喝冷茶和收敛性强的浓茶。

5. 不宜用茶水服药。

三、传统文化的审美观

不同的民族、不同的社会阶层，都有不同的审美观，《说文》："美，甘也，从羊从大。"说明"羊大"为"美"，符合社会生产力水平极低时的审美观，家里有大羊是十分美妙的事，不至于挨饿。与此类似，崇尚自然、追求自然之美是中华民族审美观中最突出的特征，这是因为人的一切衣食住均源自然，无论是吃的、穿的、用的、住的都是从大自然中得到的。传统文化里的对称美就来于自然，它具有平衡、稳定、端庄的特性。孩子爱母亲，认为母亲是最美的，因为从母亲那里能够得到吃的、穿的、爱抚、安全等需求。追求自然之美也是形式美的美学法则之一，随着物质财富的丰富，审美层次会不断提高，孔子的"智者乐水，仁者乐山"，就是以道德的善来比拟自然山水，认为美与善同义，从"大羊"开始到了道德的"善"，上善若水就是人们对水之美的赞美。

追求美是人的固有属性，"贫女勤梳发，穷家勤扫地"就表明了这一点，一般的审美开始于有形的物体，随后多加于修饰，如华丽的衣服、镂金雕彩的物品，审美再进一步，如人讲究气质，如神采标映，美风姿，人们对物件的修饰或广为润色之后，又有了"清水出芙蓉，天然去雕饰"的质朴、清纯、自然的追求。

传统的审美观念还认为，美不能离开形，但美的本质不在于形而在于神。有"气韵生动"的说法。

茶文化是中国传统文化的精粹，茶艺师肩负弘扬传统文化的重任，挖掘、继承与发扬优秀的传统文化，是我们刻不容缓的责任与义务。因而茶艺师有必要了解中国传统文化的特点。这方面的内容有许多，下面我们简单阐述茶艺师应了解的相关内容。

首先，中国文化是从农耕文明发展而来的，对天、地有着敬畏的情结。因为农业的收获，有赖于风调雨顺。体现在文化上有人与自然和谐的必然。中国传统文化强调整体，崇尚和谐统一。体现在茶艺文化上，茶艺馆、茶楼环境营造，可以有自然环境式的，可以浓荫绿叶，可以有小桥流水、可以花卉适当布景，可以布置山石、可多用木质、石质、藤质、布、竹等天然的材料，以自然为美。

其次，西方文化重外观，中国文化重内质。西方文化喜欢玫瑰，因为它外观浓艳，中国文化喜欢松竹梅兰，并不是因为它们外观美，而是因为它们有品味，具内在的美。它们具人格的象征，是精神的体现。这种看重内在美的美学思想，是中国文化的表现。与此相呼应，西方文化认为热烈奔放是美，中国人讲究端庄为美，以含蓄为美，如"犹抱琵琶半遮面"；以内敛、婉转为美，如"柳暗花明又一村"。

再者，茶艺师的仪表美，应有传统文化气息，在服饰、发型、佩带物等，以传统为美，因为茶文化产生的土壤是中国文化。其次，以自然为美，如发色，以黑发为自然，忌染成黄色、红色，化妆宜淡雅，忌浓妆艳抹。

四、茶师修养

每一种职业都有相应的基本修养要求，茶艺师职业从字面上认识，应该是懂茶的，有一定艺术审美情趣的人。从大范畴来看，修养的着力点首先应模范遵守国家的法律法规，遵循社会的基本道德规范。在单位应遵守单位的各项规章制度，热心本职工作，热爱专业职能工作，为社会的经济文化繁荣昌盛服务。

茶艺是一门综合艺术，不仅需要好茶好水、精湛的技艺和优雅的环境，在很大程度上也融合了人文因素，即茶的所有内涵都要通过人来表现，这和悠久的茶文化历史有很大的关系。茶师不仅仅要掌握不同茶类的冲泡技能，更需要有丰厚的茶文化知识以及对美和艺术的鉴赏能力。因此，培养茶师的修养尤为重要。茶艺师比较有特点的修养是茶的综合知识和相关的艺术审美情趣。

茶师修养属于职业道德范畴，也是培养茶师的必修课程。就好比盖房子，必须要先打地基，然后再砌砖、上梁、盖屋顶。学习茶师修养课程就是给茶师打"基础"，在此基础上再学习，才能真正体现茶师形象，展现茶师独有的风采和内涵。

从小范围来看，要有良好的茶师修养，首先应有健康而充满活力的身体条件，所谓"质彬彬"，这是根本，是硬件建设。有了健康的身体才能适应开展各方面的工作。"神农氏尝百草，日遇七十二毒，得茶而解之"，茶的药用价值在很早就被发现并加以利用，现代科学研究发现茶叶内富含人体必需的各种营养物质和药理成分，饮茶有益人体健康；三国名医华佗："苦茶久食益意思"。茶不仅能够促消化，降脂减肥等，还能促进思维活动，保持大脑思维敏捷，有助于行为举止的得体与风度体现。在提倡饮茶的同时，我们也要注意：一是睡前不宜喝茶；二是空腹不宜喝浓茶（红茶和老茶除外）；三是体虚不宜喝浓茶（老茶除外）；四是天气寒冷不能喝冷茶；五是不宜用茶水服药。

"质彬彬"，就是身体的硬件健康。首先要养成良好的生活习惯，按时饮食和休息，是身体健康的必需。一方面身体需要多方面的营养进行新陈代谢，需按时饮食；另一方面身体活动需要能量消耗，需饮食提供能量；其次是尽量不挑食，不挑食有益于身体多种营养元素摄入，还能了解多方面的饮食文化，增加对世界事物的了解。当然暴饮暴食亦伤身体。

身体健康的另一重要元素是按时休息，作息应有规律，强制自身有一定的休息时间，休息时放松，工作时精神饱满，一张一弛，期以永恒。茶艺师的工作有时需要深夜工作，要注意晚上尽量少饮浓茶，以便有良好的睡眠。进入深睡眠的休息是身体各器官机能正常代谢的必需。所以说，多样化饮食以及有规律的生活习惯是身体健康不可缺少的条件。

"文彬彬"，健康的身体拥有良好的人文素养，不断学习，日积月累，内涵不断积淀，就有气质的外露，古人曰："腹有诗书气自华"就是这意思，要经常学习诗书文章的。修，是修饰、雕琢，是人的软件建设，人的内在的知识、礼仪、道德、技能、经验、语言表达能力、气质等都是附加在肌体之上的。茶艺师更重视礼仪、审美、茶相关知识的涵养。

中国是文明古国，也是礼仪之邦，历来崇尚礼教文化。这里可把"礼"定义为："由内心而发的对他人、对世界万物的尊敬。"由内心而发，是指身体、表情等均与内心相符的神态与形态。同时，明白为什么要尊敬他人与事物，目的是为了从他人或事物中汲取他们的长处，成为自身的内涵。

孔子曰："不学礼，无以立"，茶艺师肩负弘扬传统文化的重任，更要重视礼仪的表达，用自身的行为实践影响周边的人，要习惯使用敬语，习惯行礼表达对他人的尊重。

荀子："由礼则雅，不由礼则夷固僻违，庸众而野"，主张以"礼"来修身养性。简单说就是讲究礼仪，人会变的文雅，不讲究礼仪，人会变的庸俗与粗野。茶艺师要习惯于行礼，讲究礼节的应用，讲究行礼姿态的优雅。不但在饮茶活动中讲究礼仪的运用，然后要把礼仪贯注到日常的生活、工作之中，常习之，久而久之，成为运用礼仪的楷模。

"仪"是指与我们身份相符合的修饰。茶师作为一种职业，有它独特的服饰表现形式，在穿着上力求传统、自然、素雅。然后还讲究举止美与神态美，服饰映衬人的美感。

茶艺师还十分重视审美情趣的涵育，如插花、焚香、弹琴、挂画室内四雅，如茶席设计、如茶具组合艺术、茶艺表演艺术、讲究语言表达的培养、服饰与茶席的呼应、茶汤艺术等等。

语言表达，即讲话的艺术，体现在讲话时的内容、语音、语调、节奏等多方面。"言为心生，声为意出"，语言美需要我们平时不断增加自己的知识面——社会科学（意识形态领域的历史、艺术、民俗、美学等）、自然科学（自然、生物、茶学、理化科学等）。平时多注意自己说话的语音、语调、节奏。比如说话时尽量不要说"不"字；说话时力求用词恰当、得体，说话声音大小要适当，语调应该平和沉稳或热情亲切。

所谓举止美，举止，即俗话所说的"站有站相，坐有坐相"。各类饮茶活动为我们提供了无穷尽的姿态、姿势的审美素材，练习各种站立的姿势、站的姿势、奉茶的姿势、行礼的姿势等。这是茶艺师从事茶艺活动的又一重要目的，除了沏泡一杯好茶之外，不断提高文化艺术品味，涵育人的审美情趣是我们的重要收获。

在人际交往中，人们感情流露和交流经常会借助于人体的各种器官和姿态，这就是我们常说的"肢体语言"人们在表达感情时，脸部和手脚动作总是密切配合的，亲和力往往是通过人的神态来体现的。

另一个茶艺师修养的必要内容是丰富的茶文化历史知识，茶叶自然科学知识，各类茶的沏泡技能、因为茶艺师不是美发师、不是厨师，而是茶艺师，三句不离本行，应自觉追求茶叶知识的不断积累，茶文化知识的进一步丰富，能鉴别茶叶质量的优劣，综合提升人文素养。

最后，是对"师"字的尊敬，"为人师表"指的是作为老师，在言行举止等方面要入眼，体现稳重、端庄、典雅等，更多的要求，把礼仪、审美应用于日常的工作、生活之中。

如奇装异服、行为举止怪异就会被人非议。不符合礼仪的不讲，不符合礼仪的不做，不符合礼仪的不看，常记得"非礼勿视，非礼勿听，非礼勿言，非礼勿动"四句，有助我们做到这一点。

第六讲

茶叶基础知识

一、茶叶的内含物

是指可进入茶汤的生物化学物质，主要有以下几类：

（一）茶多酚

亦称茶鞣酸、茶单宁，约占茶叶干物质的 15％～30％，主要组分为儿茶素、黄酮、黄酮醇类、花青素类、酚酸等。其中最重要的是以儿茶素为主体的黄烷醇类，占茶多酚的一半以上，占茶叶干物质的 20％左右。它对成品茶色、香、味的形成起着重要作用，也是茶叶保健功能的首要成分。

（二）儿茶素

亦称儿茶酸，易溶于水和含水乙醇，分酯型和非酯型两类。酯型有（一）—表没食子儿茶素没食子酸酯［（一）—EGCG］、（一）—表儿茶素没食子酸酯［（一）—ECG］；非酯型有（一）—表儿茶素［（一）—EC］、（一）—表没食子儿茶素［（一）—EGC］、（±）—儿茶素［（±）—C］、（±）没食子儿茶素［（±）GC］。茶树新梢是形成儿茶素的主要部位，它存在于叶细胞的液胞中，约占茶叶干物质的16％～23％。酯型儿茶素具有较强的苦涩味和收敛性，是赋于茶叶色、香、味的重要物质基础。儿茶素是茶叶中最具有药效作用的活性成分，现已表明它具有防止血管硬化、降血脂、消炎抑菌、防辐射、防癌等功能。儿茶素在红茶发酵过程中先后生成氧化聚合物茶黄素、茶红素和茶褐素等产物。

1. 茶黄素（TF） 红茶中含量在 0.5%～2%，用大叶种或幼嫩叶加工的红茶比中小叶种或较老叶加工的红茶含量高。茶黄素水溶液呈鲜明的橙黄色，具有较强的刺激性，是红茶色泽和滋味的核心成分之一，它的含量高低决定着红茶汤色的亮度和金圈的厚薄以及滋味的鲜爽度。与咖啡碱、茶红素等形成的络合物在温度较低时会出现乳凝，这是造成红茶"冷后浑"现象的重要因素之一。

2. 茶红素（TR） 红茶中含量一般在 6%～15%，呈棕红色。轻萎凋和快速揉捻（切）可获得较高含量的茶红素。它是红茶汤色红艳、滋味甜醇的主要成分，有较强的收敛性。

3. 茶褐素（TB） 红茶中含量一般在 4%～9%，由茶黄素和茶红素进一步氧化聚合而成。呈深褐色，是红茶汤色发暗和滋味淡薄、无收敛性的重要因素。红茶加工时，重萎凋、长时间高温缺氧发酵是茶褐素生成的主要原因。茶褐素亦是普洱茶的主要成分之一。

（三）氨基酸

茶叶中以游离状态存在的"游离氨基酸"有甘氨酸、苯丙氨酸、精氨酸、缬氨酸、亮氨酸、丝氨酸、脯氨酸、天冬氨酸、赖氨酸、谷氨酸等 26 种，约占干物质的 2%～4%，是茶汤鲜味的主要呈味物质，其中精氨酸、苯丙氨酸、缬氨酸、亮氨酸及异亮氨酸等都可转变为香气物质或作为香气的前体。茶叶中还有一类由根部生成的非蛋白质氨基酸—茶氨酸（Theanine），它呈甜鲜味，能缓解茶的苦涩味，对绿茶品质具有重要影响，也是红茶品质评价的重要因子。因它是茶叶的特征性化学物质，故也是鉴别茶组植物的生化指标之

一、氨基酸与人体健康有着密切关系，如谷氨酸能降低血氨，蛋氨酸能调整脂肪代谢。

（四）蛋白质

茶叶中主要蛋白质种类有白蛋白、球蛋白、谷蛋白等。幼嫩芽叶中蛋白质含量约占干物质总量的 25% 左右，一般中小叶茶高于大叶茶，春茶高于夏秋茶。但只有占蛋白质总量 2% 左右的水溶性蛋白才溶于水，它既可增进茶汤的滋味和营养价值，又能保持茶汤的清亮度和茶汤胶体液的稳定性。温度、湿度、光照强度等与芽叶中蛋白质形成有着密切的关系。湿润多雨，弱光照可使蛋白质含量提高，这是"高山出好茶"的重要原因之一。

（五）咖啡碱

亦称咖啡因，易溶于水和有机溶剂，茶叶中一般含 2%～5%，细嫩芽叶高于老叶，夏秋茶略高于春茶，也是重要的滋味物质。咖啡碱是一种中枢神经兴奋剂，具有提神作用。由于它常和茶多酚成络合状态存在，不仅形成了茶的固有风味，而且它与游离状态的咖啡碱在对人体生理机能上的作用也有所不同，故在正常的茶叶饮量下，不会对人体造成不良反应。

（六）芳香物质

是挥发性物资的总称，主要是醇类化合物。

1. 芳樟醇　又称沉香醇，是茶叶中含量较高的香气物质之一，具有铃兰香气，在新梢中芽的含量最高，从一叶、二叶、三叶到茎依次递减。一般大叶茶含量高于中小叶茶，春茶又高于夏秋茶。

2. 香叶醇　亦称牻牛儿醇。具有玫瑰香气。新梢各部位和春夏茶含量与芳樟醇相似，只是大叶茶含量较低，中小叶茶含量较高。安徽祁门种含量高出其他中小叶品种几十倍，因此使"祁红"具有明显的玫瑰香气特征。

3. 橙花叔醇　具有木香、花香和水果百合韵，是乌龙茶及花香型名优绿茶的主要香气成分，亦是绿茶中最具有抗菌力的成分。乌龙茶在制作过程中含量会显著增加。

4. 2-苯乙醇　亦称β-苯乙醇。亦具有玫瑰香气，不同叶位的含量由芽、一叶、二叶、三叶依次递减。安徽和福建红茶中的含量高于印度和斯里兰卡的红茶。

5. 顺-3-己烯醛　亦称青叶醛。是茶叶的挥发性成分，具有青草气，当浓度低于0.1％时呈新鲜水果香，故茶叶在制作过程中鲜叶必须先经过摊放，以降低青叶醛含量，减少青草气。

（七）茶叶维生素

分水溶性和脂溶性两类。茶叶中水溶性的有维生素C、B族维生素、维生素P、肌醇、维生素U。它们与茶树的物质代谢、茶叶营养及药用价值有着重要的关系。脂溶性的有维生素A、维生素D、维生素E、维生素K，它们同样对茶树某些代谢起调节作用。

（八）茶叶色素

茶叶除了在加工过程中形成的茶黄素、茶红素、茶褐素外，茶树芽叶中还有两类自然色素，一类是能溶解于水的称水溶性色素，有花青素、花黄素、黄烷酮、黄烷醇等，这部分色素决定了茶汤的汤色。绿茶茶汤呈绿黄色，主要是黄烷酮和黄烷醇。花青素溶于水，使绿茶汤色变浊，味苦；另一类是能溶解于酒精等有机溶剂的称脂溶性色素，如叶绿素、叶黄素和胡萝卜素等，它们决定着绿茶干茶和叶底的色泽。

二、饮茶与人体健康

为什么说饮茶对人体有健康作用？因为茶叶内含有多种对人体有健康作用的营养物质与药理成分。营养物质如蛋白质、氨基酸、碳水化合物、各种微量元素。这类物质可参与人体细胞新陈代谢，可提供人体能量。药理成分如茶多酚、生物碱、各类维生素、各类矿物质、各类芳香物质等

（一）相关内含成分的药理作用

1. 茶多酚的药理作用　具有苦涩味及收敛性，有抗氧化、抗突然变异、抗肿瘤、降低血液中胆固醇及低密度脂蛋白含量、抑制血压上升、抑制血小板凝集、增强微血管壁弹性，具有抗菌、抗过敏等功效。由于酚类物质具收敛性，可使具生物活性的游离蛋白质凝固，并排出人的体外，因而茶多酚具杀菌、杀病毒及减肥功效。应而经常喝茶可清洁口腔，消除口臭、可预防感冒，防止口腔溃疡。茶中的茶皂素亦有抗炎症功效。

2. 生物碱（咖啡碱、茶叶碱、可可碱）**的药理作用**带有苦味，是构成茶汤滋味的重要成分。红茶茶汤中，与多酚类结合成为复合物；茶汤冷后形成乳化现象。它可兴奋中枢神经、促进血液循环、利尿。故有提神醒脑之功效。故喝茶可使长途开车的人保持头脑清醒及较有耐力。

3. 矿物质的药理作用　茶中含有丰富的钾、钙、镁、锰等十几种矿物质。茶汤中阳离子含量较多而阴离子较少，属于碱性食品。可帮助体液维持弱碱性，保持健康。矿物质与微量元素广泛参与人体肌肉、血液和骨骼的新陈代谢。

（1）钾：促进血钠排除。血钠含量高，是引起高血压的原因之一，多饮茶可防止高血压。

（2）氟：具有防止蛀牙的功效。

（3）锰：具有抗氧化及防止老化之功效，增强免疫功能，并有助于钙的利用。因不溶于热水，可磨成茶粉食用。

4. 维生素的药理作用　维生素为为维持体内代谢及生长所必需，维生素 A 为维持正常的视觉及皮肤、黏膜上皮细胞的完整所必需；维生素 B 可防止脚气病；如维生素 C 可防止夜盲症，缺少维生素 D 会影响钙、磷的吸收，影响骨骼的生长，易出现"软骨病"。维生素 E 参与体内代谢，缺乏时可出现轻度贫血、水肿及反疹等。并且维生素对儿童的抗感染和免疫能力有非常重要的影响，它对人的免疫系统有非常重要的调节和维持作用。茶叶中的类胡萝卜素在人体可转换为维生素，但要成为茶末饮咽才可充分补充。B 族维生素及维生素 C 为水溶性，可由饮茶中获取。

5. 茶叶芳香物质的药理作用　茶叶中的各类芳香物质，有酯类、醛类、萜烯类、醇类、酮类、酸类等，这些天然香气有镇静、放松、安眠、镇痛、杀菌、消炎等功效，茶叶中的芳香类物质能促进睡眠，提高睡眠质量，还能清心明目，改善大脑血液循环，消除大脑疲劳，增强记忆力。在一定程度上愉悦心情，促进内分泌的正常。

（二）茶叶成分对人体功效是多种多样的，归纳起来主要有如下十大保健作用

1. 兴奋作用　茶叶的咖啡碱和黄烷醇类化合物能兴奋中枢神经系统，帮助人们振奋精神、增进思维、消除疲劳、提高工作效率。其机理是促进肾上腺体垂体的活动，阻止血液中儿茶酚的降解，诱导儿茶酚胺的生物合成，而儿茶酚胺具有增强兴奋的功能，对心血管系统有良好作用。

2. 利尿作用　茶叶中的咖啡碱和茶碱具有利尿作用，

用于治疗水肿、水滞瘤。利用红茶糖水的解毒、利尿作用能治疗急性黄疸型肝炎。茶叶的利尿功能是由促进尿液从肾脏中的滤出率来实现的。它的药理组分主要是茶褐色素、咖啡碱和芳香油的综合物。由于促进利尿使人体肌肉组织中的乳酸得到及时排出，使疲劳的机体得以恢复。

3. 强心解痉作用　咖啡碱具有强心、解痉、松弛平滑肌的功效，能解除支气管痉挛，促进血液循环，是治疗支气管哮喘、止咳化痰、心肌梗塞的良好辅助药物。

4. 抑制动脉硬化作用　茶叶中的茶多酚和维生素 C 都有活血化瘀防止动脉硬化的作用。所以经常饮茶的人当中，高血压和冠心病的发病率较低。

5. 抗菌、抑菌作用　茶中的茶多酚又称鞣酸作用于细菌，能凝固细菌的蛋白质，将细菌杀死。可用于治疗肠道疾病，如霍乱、伤寒、痢疾、肠炎等。皮肤生疮、溃烂流脓，外伤破了皮，用浓茶冲洗患处，有消炎杀菌作用。口腔发炎、溃烂、咽喉肿痛，用茶叶来治疗，也有一定疗效。

6. 减肥作用　茶中的咖啡碱、肌醇、叶酸、泛酸和芳香类物质等多种化合物，能调节脂肪代谢，特别是乌龙茶对蛋白质和脂肪有很好的分解作用。茶多酚和维生素 C 能降低胆固醇和血脂，所以饮茶能减肥。

7. 防龋齿作用　茶中含有氟，氟离子与牙齿的钙质有很大的亲和力，能变成一种较为难溶于酸的"氟磷灰石"，就像给牙齿加上一个保护层，提高了牙齿防酸抗龋能力。茶叶是富集氟素的植物，老叶中高达 250～1 600mg/kg，且水溶性较强，氟是坚齿元素。此外，茶多酚类化合物还能杀死在齿缝中存在的乳酸菌及其他龋齿细菌，起到防龋齿的目的。

8. 抗癌、防突变 关于茶叶的抗癌、防突变作用,从20世纪70年代起各国科学家就开展了大量的研究。初步明确的机理是:

(1) 抑制最终致癌物的形成:众所周知,亚硝酸胺是一种强致癌物,它是由亚硝酸盐和二级胺在酸性介质条件下形成的,而亚硝酸盐和二级胺来自于蔬菜和其他食品,在人体胃中酸性条件下易化合成亚硝酸胺。实验表明,各种茶叶均有不同程度抑制和阻断亚硝酸胺合成的效果,其中以绿茶和乌龙茶尤甚。

(2) 调整原致癌物资的代谢过程:人体内的酶体系统既能将进入体内的有毒物质进行氧化代谢起着解毒作用,但另一方面也可使许多原致癌物或致突物活化,形成致癌物或突变物。茶叶中的多酚类化合物和儿茶素类物质具有抑制某些能活化致癌物的酶系统,起到防癌的作用。

(3) 清除自由基:自由基又称游离基,是具有单个不成对的电子化学团,它可以凭借其亲电子本性与一些大分子化合物相结合,从而成为潜在的致癌因素。因此,对自由基的清除是防癌、抗突变的重要机能。自由基的清除可通过酶(如超氧化物歧化酶、过氧化氢酶)和抗氧化剂(黄酮类化合物、维生素C、维生素E等)来完成。茶叶中富含多酚类化合物和多种维生素,尤其是多酚类化合物具有很活泼的羟基氢,所提供的氢与自由基反应生成惰性产物或变成较稳定的自由基;儿茶素类化合物尤其是EGCG具有直接参与清除自由基的功能。

9. 减缓衰老作用 为防止自由基在体内所产生的连锁破坏作用,正常情况下人体内有一套清除自由基的酵素系统,使体内的自由基能维持一个动态平衡。但随着年龄的增长（超过 35 岁），各种清除自由基的酵素便逐渐衰退，造成体内自由基过多，而引发各种疾病并加速老化。不论绿茶、乌龙茶或红茶，所含的儿茶素类和其氧化物都已证实具有很强的抗氧化作用，可中和身体内各部分所产生的自由基，延缓老化、防止油脂氧化和改善过敏现象。人体中的脂质氧化过程已证明是人体衰老的机制之一。茶叶中的儿茶素类化合物具有明显的抗氧化活性。且活性强度超过维生素 C 和维生素 E。不同茶儿茶素类化合物的抗氧化性强度依次为 EGCG＞EGC＞ECG＞EC。

10. 降低血脂，预防高血压　饮茶具有降血脂的作用，特别是具有降低低密度脂蛋白的功效。

11. 止痢　茶的止痢效果在医学界早已应用于临床，它主要是儿茶素类化合物（EGC 和 EGCG）对病原菌的抑制作用。

12. 明目　茶可明目在我国古籍中多有记载。人眼的晶体对维生素 C 的需要比其他组织高，维生素 C 摄入量不足，易导致晶状体浑浊而患白内障。茶叶中维生素 C 含量丰富，因此，饮茶有助于保护眼睛。

三、茶叶分类与茶叶加工工艺

（一）茶叶分类

茶叶分类的传统方法是根据初制工艺及茶叶品质特征，分为绿茶、红茶、青茶（乌龙茶）、白茶、黄茶、黑茶六大茶类，各茶类又有许多品类。同时还衍生出再加工茶，如花茶、压制茶以及深加工茶，深加工茶有速溶茶、茶饮料及保健茶等。

1. 绿茶　绿茶属于不发酵茶，是中国产量最多、消费市场最大的一种类茶，2009 年产量达到 98.5 万吨，国内社会消费量达到 60 多万吨。绿茶一般是采摘鲜嫩的芽叶，通过高温杀青、做形、干燥而成。其中杀青是制绿茶的关键工序，通过高温将鲜叶中的多酚氧化酶破坏或钝化，制止茶多酚的氧化红变，使绿茶具有清汤绿叶的特征。根据杀青和干燥方法的不同，可分为炒青、烘青、蒸青、晒青四类。

绿茶
- 炒青
  - 普通炒青（婺绿、屯绿、遂绿、珠茶等）
  - 细嫩炒青（龙井、碧螺春、雨花茶、竹叶青等）
- 烘青
  - 普通烘青（闽烘青、浙烘青、徽烘青、苏烘青等）
  - 细嫩烘青（黄山毛峰、华顶云雾、高桥银峰等）
- 晒青（滇青、川青、陕青等）
- 蒸青（恩施玉露、煎茶等）

绿茶（尤其是名优绿茶）的品质特征总体是，干茶翠绿或嫩绿，有清香、毫香、栗香、花香，冲泡后，色绿汤清，香气清幽，滋味鲜爽。

2. 红茶　红茶属全发酵茶，鲜叶经萎凋、揉捻（或揉切）、发酵（儿茶素酶促氧化形成茶黄素、茶红素等）、烘干而制成。其总体品质特征是红汤红叶，"红"是指茶汤和叶底的色泽，干茶色泽偏深，红中带黑。所以，英语称"Black Tea"，意即"黑色的茶"。按照鲜叶品种和加工方法，分成功夫红茶、小种红茶、红碎茶等。

红茶
- 小种红茶（正山小种、烟小种等）
- 功夫红茶（滇红、祁红、川红、闽红等）
- 红碎茶（叶茶、碎茶、片茶、末茶）

（1）小种红茶：产于福建武夷山桐木关一带。初制工艺是萎凋、揉捻、发酵、过红锅（杀青）、复揉、薰焙等六道工序。由于采用松柴明火加温萎凋和干燥，带有馥醇的松烟香和桂圆汤蜜枣味。

（2）功夫红茶：最著名的是安徽祁门所产的祁红和云南临沧等地所产的滇红。祁红色泽乌黑，有独特的玫瑰香或蜜糖香，俗称"祁门香"。滇红为大叶种功夫红茶，条索肥硕重实，满披金黄色芽毫，有花果香味，滋味浓厚。

（3）红碎茶：其初制工艺的特点是在功夫红茶工序中，以揉切代替揉捻。揉切的目的是将芽叶切碎，干燥后成颗粒状，使茶中的内含成分更易泡出，形成红碎茶浓、强、鲜的品质特点。

3. 乌龙茶 乌龙茶又名青茶，属半发酵茶类。传统乌龙茶的品质特征是，干茶外形青褐，（因此也称"青茶"），汤色黄红，香气馥郁幽长，有花蜜香，滋味浓醇回甘，叶底有红有绿，有"绿叶红镶边、三红七分绿"的特点。不过，轻发酵的清香型乌龙茶是翠绿或砂绿色，汤色金黄明亮，花蜜香持久，滋味鲜醇高爽。乌龙茶因品种的不同和加工工艺的不同，形成各自的风格。目前主要按产区划分。

（1）闽北乌龙：发酵较重，主产福建武夷山一带主，以大红袍、武夷岩茶、闽北水仙、肉桂等最著名。

（2）闽南乌龙：发酵较轻，以安溪生产的铁观音、黄金桂、奇兰等最著名。

（3）潮汕乌龙：又称广东青茶。加工工艺类似于闽北乌龙，盛产于汕头地区的潮安、饶平等县。主要有凤凰单丛、凤凰水仙、乌龙、色种等。其中凤凰单丛品质最优。

（4）台湾乌龙：发酵最轻，汤色黄绿明亮，滋味浓厚，有熟果香味。最著名的有冻顶乌龙、白毫乌龙、金萱乌龙等。

4. 白茶 白茶主产于福建的福鼎、政和、松溪和建阳等县、市。属轻发酵茶，芽叶自然舒展，满披白色茸毛，茶汤杏黄清澈，有毫香，味醇。著名的有白毫银针、白牡丹、贡眉（寿眉）等。

5. 黄茶 属于轻发酵茶，基本工艺近似绿茶，只是在制造过程中增加闷黄工序。品质特征是，色黄、汤黄、叶底黄，甜香浓郁，滋味醇厚。按采摘嫩度和产地分为：

$$
黄茶 \begin{cases} 黄芽茶（君山银针、蒙顶黄芽等）\\ 黄小茶（北港毛尖、沩山毛尖、温州黄汤等）\\ 黄大茶（霍山黄大茶、广东大叶青） \end{cases}
$$

黄芽茶以君山银针为珍品，冲泡后，其芽头在杯中呈三起三落状，品饮观赏兼有之。

皖西黄大茶采摘一芽四五叶，叶大梗长，加工分炒茶（杀青和揉捻）、初烘、堆积（相当于包闷）、烘焙四道工序。黄大茶的特点是：梗叶金黄显褐，汤色深黄显褐，叶底黄中显褐，滋味浓厚醇和，具有高爽的焦香。主销北方，如山东沂蒙山区等。

大叶青主产广东韶关、肇庆、湛江等地，以大叶茶一芽二、三叶为原料，有萎凋、杀青、揉捻、闷黄、干燥五道工序。特点是色泽青润显黄，香气纯正，滋味浓醇回甘，汤色橙黄，叶底淡黄。

6. 黑茶 黑茶属于后发酵茶，制造过程中由于堆积发酵时间较长。因此，叶色乌润或黑褐，故称黑茶。黑茶的香味较为醇和，汤色橙黄带红或褐红。黑毛茶（散茶）可直接饮用，也可经精制后再加工成压制茶（紧压茶）。黑茶主产于湖南，湖北、四川、云南和广西等省区，以湖南安化黑茶、云南普洱茶最著名。

$$黑茶\begin{cases}湖南黑茶（湖南茯砖、安化黑茶等）\\湖北老青茶（蒲圻老青茶等）\\四川边茶（南路边茶、西路边茶等）\\滇桂黑茶（普洱茶、六堡茶等）\end{cases}$$

7. 再加工茶　再加工茶类主要包括花茶、紧压茶、果味茶、药用保健茶、萃取茶、茶饮料等。

$$再加工茶类\begin{cases}花茶（茉莉花茶、珠兰花茶、玫瑰花茶、桂花茶）\\紧压茶（黑砖、茯砖、方砖、饼茶等）\\萃取茶（速溶茶、浓缩茶等）\\果味茶（荔枝红茶、柠檬红茶、猕猴桃茶等）\\药用保健茶（减肥茶、杜仲茶、甜菊茶等）\\含茶饮料（茶可乐、茶汽水等）\end{cases}$$

（1）花茶：用烘青茶或红条茶作茶坯与香花拼配，让茶叶吸收花香而成，所以又称窨制茶。产量最多的是茉莉烘青和玫瑰红茶。

（2）紧压茶：散茶经蒸压定形烘干而成。

（3）萃取茶：通过提取、过滤、浓缩、干燥等工序，加工成易溶于水而无茶渣的颗粒状、粉状或片状的茶饮料。

（4）果味茶：主要有荔枝红茶、柠檬红茶、猕猴桃茶、椰汁茶、山楂茶等。

（5）保健茶：用茶叶和其他非茶组植物配伍后制成的茶，如苦丁茶等。

（6）含茶饮料：如牛奶红茶、茶酒、茶可乐、茶露、绿茶冰淇淋、茶叶棒冰等。

（二）茶叶加工工艺

1. 绿茶类

（1）扁形茶

西湖龙井：以色泽翠绿，香气高锐，滋味鲜爽为主要特征，向有"色绿、香郁、味醇、形美"四绝著称。历史上西湖龙井茶主产在杭州西湖区的 14 个村，按品类分有狮、龙、云、虎，以狮峰龙井品质最优。清明前采一芽一叶（芽比叶长）所制的龙井茶称"雀舌"，品质上乘；清明前用一芽一、二叶所制的称"明前龙井"；清明后谷雨前所制的称"雨前茶"。

原料要求：明前龙井要求春茶一芽一叶或一芽二叶初展，芽长于叶，芽体长 2.0～2.8 厘米，宽 0.8～1.0 厘米，芽叶无毛或少毛，黄绿或嫩绿色。适制品种主要有龙井 43. 中茶 108. 乌牛早、龙井种等。

工序：鲜叶摊放→青锅（杀青）→回潮→分筛→辉锅→干茶分筛→挺长头→归堆→储存收灰。

摊放：在通风阴凉的摊青间摊放 6～12 小时，摊叶厚度 2～3 厘米。经摊放后鲜叶含水量降至 65%～68%。

青锅：锅温 90～100℃，投叶量 100 克，时间 12～15 分钟。开始以抓、抖为主，后改用搭、抖、捺、压等手法造形。

辉锅：锅温 60～70℃，青锅叶 150 克，时间 20～25 分钟。开始以理条为主，逐步转入搭、拓、推、磨手法，炒至茸毛脱落，茶条扁平光滑，含水量约 5%～6%。

技术要点：芽叶不带鳞片、雨叶，大小匀齐一致；必须摊放；青锅要将茶条压得宽扁，但不宜过早下压。辉锅以推、磨手法为主，要做到"手不离茶，茶不离锅"。

峨眉竹叶青：主产四川省峨眉山市。特点是外形紧直扁平、两头尖细，形似竹叶，色泽嫩绿微黄，香味鲜浓。

原料要求：春茶单芽和一芽一叶展。适制品种有福鼎大白茶、本地种等。

工序：摊青→杀青→做形→辉锅。

摊青：在通风阴凉的摊青间摊放，待鲜叶失水 8％～10％，花香微露时即可。

杀青：采用 6CSM-30 型名优茶杀青机，温度 140～170℃，投叶量 25～30 千克/小时。

做形：手工做，投叶量为 0.3～0.4 千克，时间 20～30 分钟。用抖、甩、抓、压、带等手法交替炒制，使茶叶渐成扁形；用 6CDM-42 型多功能扁茶炒干机，温度在 100℃左右时，投叶量 0.8～1.0 千克。当茶叶表面变硬时再投入加压棒。待茶叶扁平挺直后取出加压棒，然后继续理条至八、九成干，起锅摊凉。

辉锅：分筛后分别辉锅。锅温 80～100℃，投叶量 0.2～0.3 千克。用抖、压手法，使茶叶进一步扁平光滑。当含水量达到 6％左右时出锅。

技术要点：芽叶不带鳞片、梗蒂和老叶，大小匀齐一致，及时摊青；机制做形时要及时排除水气。

千岛玉叶：主产浙江省淳安县。特点是外形扁平挺直，绿翠露毫，清香持久，滋味浓醇回甘。

原料要求：春茶一芽一叶或一芽二叶初展，芽长于叶，芽体无毛或少毛，嫩绿或黄绿色，必须带有芽尖。适制品种有鸠坑种、龙井 43. 乌牛早等。

工序：摊放→杀青做形→摊凉→辉锅定形→筛分整理。

摊放：在通风阴凉的摊青间摊放 6～12 小时。摊放后鲜叶含水量在 70％～72％。

杀青做形：锅温 90～100℃，投叶量 100 克左右。开始抖炒 2～3 分钟，后用抖、带手法，再用捺、抓、搭手法交替使用，炒至茶叶扁平匀直即成。

摊凉：杀青叶经筛分后，按筛面、筛底分别摊凉回潮，约 1 小时左右。

辉锅定形：锅温 70～80℃，投叶量为杀青叶 200 克，手法有捺、抓、压、扣、磨、推、荡等。炒至茶叶含水量达 5%～6% 出锅。

技术要点：芽叶不带鳞片、梗蒂和老叶，大小匀齐一致，及时分级摊放；辉锅锅温要严格掌握，过高色泽偏黄，过低条暗发闷。

（2）针形茶

雨花茶：主产南京市中山陵及江宁、溧水、六合等地。特点是条索紧细圆直，锋苗挺秀似松针，色泽绿润，香气浓郁，滋味鲜醇。

原料要求：春茶一芽一叶初展，芽叶长度不超过 3 厘米。适制品种有龙井 43. 宜兴种、鸠坑种等。

工序：摊青→杀青→揉捻→搓条拉条→焙干。

摊青：在阴凉的摊青间摊放 3～4 小时，厚度 2～3 厘米。

杀青：用 60 厘米口径的平锅，锅温 140～160℃，投叶 400～500 克。以抖为主，锅温先高后低，至叶软、青气消失，时长 5～7 分钟。

揉捻：双手握住茶叶在竹帘上往返推拉滚搓，期间解块 3～4 次，至初步成条，茶汁微溢为止，揉时 8～10 分钟。

搓条拉条：锅温 85～90℃，揉捻叶 350 克，先翻转抖散，理顺茶条，置于手中，轻轻滚搓，不时解块，待茶叶不黏手时，锅温降低到 60～65℃，五指伸开，两手合抱茶叶按同一方向用力滚搓，轻重相间，同时理条，共约 20 分钟。

达六七成干时，锅温升至75～80℃，手握茶叶沿锅壁来回拉炒理条，约10～15分钟达九成干后起锅。

焙干：将在制叶先用圆筛筛出长短，抖筛分出粗细，去掉片、末，用50℃温度烘焙至含水量达6%左右。

技术要点：搓条拉条是雨花茶成形的关键，锅温必须是高一中一高，按同一方向揉搓，轻重相间。

开化龙顶：主产浙江省开化县齐溪镇大龙村。特点是外形紧直挺秀，银绿披毫，香气鲜嫩清幽，滋味鲜醇甘爽。

原料要求：春茶一芽一叶展，芽长于叶，芽叶完整。适制品种有开化种、福鼎大白茶、翠峰等。

工序：摊放→杀青→揉捻→初烘→理条→焙干。

摊放：在通风阴凉的摊青间蔑垫上摊放4～6小时，厚2厘米。经摊放后鲜叶含水量在70%左右。

杀青：手工杀青用平锅，开始锅温200～220℃，锅温先高后低，投叶量200～250克。以抖为主，待叶质柔软，折梗不断，青气消失，失重约30%时即可起锅摊凉。

揉捻：杀青叶稍摊凉后，在蔑匾内用双手滚动揉搓，以轻揉为主，待稍有茶汁溢出、茶叶成条即可。

理条：交替使用翻炒、理条、整形、抖炒等手法，待茶叶成条时再用双手搓条提毫，炒至八成干时起锅摊凉。

焙干：焙笼笼顶温度60～80℃，将茶叶摊于表芯纸上文火慢烘，适时轻翻，焙至含水量5%～6%。

技术要点：焙干过程需防止茶叶断碎，落入炭火中起烟，影响品质。机制茶可用6CSM-30型名优茶杀青机、6CR-30型名优茶揉捻机、槽式振动理条机和6CMM-2型名优茶自动烘干机等。

雪水云绿：主产浙江省桐庐县雪水岑一带。特点是外形紧直略扁，芽峰显露，色泽绿嫩，清香高锐，滋味鲜醇。

原料要求：全芽，芽叶完整。适制品种有福鼎大白茶、鸠坑种等。

工序：摊放→杀青→初焙→整形→复焙。

摊放：在通风阴凉的摊青间蔑垫上摊放 6 小时左右，厚度不超过 2 厘米。摊放后失水重在 10% 左右。

杀青：手工杀青用电炒锅，开始锅温 120～140℃，投叶量 200 克。以抛抖为主，适度抓闷，锅温降低后进行理条，约 6～8 分钟后起锅。

初焙：杀青叶摊凉 30 分钟后用烘笼烘焙。用白布衬底，摊叶要薄，笼顶温度 80～90℃，中间翻叶一次，至叶表略干后下焙，过程约 9～12 分钟。

整形：用电炒锅，以理直茶条为主，手势宜轻，约 10 分钟至八成干时起锅摊凉。

复焙：笼顶温度 50℃ 左右。文火慢烘，中间轻翻 4～5 次，烘至含水量 5%～6%，时间约 30 分钟。

技术要点：焙干过程中需防止茶叶断碎，影响品质。初焙和复焙可用 6CMM－2 型名优茶自动烘干机。

（3）卷曲形茶

洞庭碧螺春：主产太湖东、西洞庭山两镇 54 个行政村，其中东山有尚绵、槎湾等 23 个村以及邻近的光福、天平等地。特征是条索纤细，卷曲呈螺，形似"蜜蜂腿"，绒毛披覆，银绿隐翠，白毫显露，清香鲜醇。

原料要求：春茶一芽一叶初展，一级鲜叶芽全长 1.6～2.5 厘米，大小整齐一致。适制品种有洞庭种、宜兴种等。

工序：拣剔→杀青→热揉成形→搓团显毫→文火干燥。

拣剔：鲜叶先"过堂"，即拣去鱼叶、老叶、"抢标"

（提早萌发的越冬芽）和杂质。并将拣过的茶叶薄摊在阴凉处作轻微萎凋。

杀青：投叶量 250 克，锅温 150～180℃，时间 3～4 分钟。双手或单手反复旋转抖炒，先抛后闷，抛闷结合，动作轻快。

热揉成形：锅温 65～75℃。双手或单手按住杀青叶，沿锅壁顺同一方向盘旋，使叶在手掌和锅壁间进行"公转"和"自转"，茶叶边揉边从手掌边散落。开始时旋三四转抖散一次，以后逐渐增加旋转次数，少抖撒，到基本形成卷曲条索为主。全过程约 10～15 分钟。

搓团显毫：锅温 55～60℃。将在制叶置于两手掌中，按同一方向搓团，每搓 4～5 转解块一次，要轮番清底，边搓团、边解块、边放在锅底干燥。全过程约 12～15 分钟。

文火干燥：锅温 50～55℃。将搓团后的茶叶用手轻轻翻动或轻搓几次，当有刺手感时，将茶叶均匀地薄摊在纸上放在锅里烘至含水量达到 6%～7%。全程约 6～7 分钟。

技术要点：热揉阶段保持小火，先轻后重，用力均匀，边揉边解块。搓团显毫时，搓团初期锅温要低，如温度高，干燥快，条索松；中期温度要提高，以使茸毫充分显露；后期降温，否则茸毛被烧，色泽泛黄。用力要轻—重—轻。

黄山毛峰：主产安徽省黄山市黄山区汤口、谭家桥以及徽州区、歙县、休宁县部分产茶乡村。特点是外形匀齐壮实，峰毫显露，清香高长，滋味鲜浓醇厚。

原料要求：春茶一芽一叶至一芽二叶初展（特级至一级）。适制品种主要是黄山种、安徽 7 号等。

工序：摊放→杀青→揉捻→烘焙。

摊放：在通风阴凉的摊青蔑垫上摊放。一般是上午采，下午制，当日采，当日制，鲜叶不过夜。

杀青：锅径 50 厘米，锅温 130～150℃，投叶量特级茶 250～300 克，一级以下 500～700 克。青叶下锅后用单手翻炒，每分钟约 50～60 次，茶叶扬得要高（离锅面 20 厘米左右），捞得要净。杀青要适当偏老。

揉捻：特级和一级原料在杀青达到适度后，继续在锅内抓炒，起到轻糅合理条的作用。揉捻要轻、慢。

烘焙：可用烘笼或 6CHM‐3 型名茶自动烘干机。初烘温度 90～80℃，茶叶含水量达 15％左右时，下烘摊凉 30 分钟，再进行复烘，复烘温度 70～60℃，烘至足干。

技术要点：烘干温度需前高后低，循序降低。在下烘前再适当提高温度，有利于毫香透发。

信阳毛尖：主产河南省信阳县车云山等地。外形细秀显锋苗，色泽绿翠，清香高爽，滋味鲜醇。

原料要求：特级茶春茶一芽一叶初展；一级茶一芽二叶初展；二、三级茶一芽二、三叶展。适制品种有信阳种、信阳 10 号、白毫早等。

工序：摊放→生锅→熟锅→烘焙。

摊放：在阴凉摊青间摊放 2～4 小时。

生锅：用口径 84 厘米倾斜 35～40°的斜锅。青叶下锅温度 140～160℃，投叶量 500 克左右，全程历时 7～10 分钟。青叶下锅后用圆帚把挑抖茶叶，反复多次，经 3～4 分钟后，在锅中裹住茶条轻揉，并不时抖散，直至茶条绵软收紧，嫩茎折而不断为止，茶叶含水量达 55％左右。

熟锅：锅温 80～100℃，历时 7～10 分钟。将生锅茶叶用圆帚把在锅内继续轻揉，结合散团，待茶条稍紧不粘手后用抓条和甩条手法进行理条：手心向下，茶叶从小指部位抓入手中，再沿锅带至锅边，并用拇指捏住，离锅心 15 厘米高处甩入锅心，这样抓起、甩出反复进行。理条达七、八成干（含水量约 35％）时出锅，稍凉后待烘。

烘焙：分初烘和复烘，可用烘炕或 6CH－941 型碧螺春茶烘干机。初烘烘炕温度 80～90℃，每次上烘 1 500～2 000 克在制茶。期间每隔 5～8 分钟翻拌一次，经 20～25 分钟，茶条定型、含水量达 15％左右即下烘。摊凉 1 小时，然后进行复烘：温度降至 60℃，初烘叶 2 500～3 000 克，每隔 10 分钟翻拌一次，时间 30 分钟左右。待茶叶手捏成末（含水量达 6％左右），下烘摊凉包装。

技术要点：理条开始时茶叶较湿，要松抓、高甩，中间要稍紧、快甩，后期茶叶较干，要轻抓低甩。抓条时茶叶尽量不要与锅壁摩擦，以防扁条、色泽不鲜绿。

2. 红茶类

祁门红茶：主产安徽省祁门县及毗邻的石台、东至、贵池、黟县、黄山区。特点是色泽乌润，条索细紧露毫，滋味醇厚甜润，具有果香或玫瑰香，俗称"祁门香"。

原料要求：一芽二、三叶和同等嫩度的对夹叶。适制品种有祁门种、安徽 1 号、安徽 3 号、杨树林种等。

工序：萎凋→揉捻→发酵→烘干。

萎凋：有日光萎凋、室内自然萎凋和萎凋槽萎凋。用萎凋槽萎凋要掌握：①鼓风温度不超过 35℃；②摊叶厚度约 20 厘米，一般每平方米摊 16 千克左右；③一般每小时翻叶一次，雨水叶前期半小时一次；④叶色暗绿，叶质泛软，叶脉、叶柄折而不断，手握叶能成团，含水量达 58％～64％时即为适度。

揉捻：用 R650 型中型揉捻机，每桶投萎凋叶 55～60

千克，分两次揉，每次 30～35 分钟。细嫩叶（特级、一级原料）第一次不加压，揉后解块分筛，第二次揉加压 10 分钟，减压 5 分钟，再加压 10 分钟，减压 10 分钟。二级及以下原料分两次揉，每次 45 分钟，第一次不加压，第二次加压 10 分钟，减压 5 分钟，重复三次，中间各解块一次，共耗时 90 分钟。当条索紧卷，茶汁溢出，成条率达 90％时即可。

发酵：发酵室空气要流通，室温在 24～28℃，相对湿度在 95％以上。揉捻叶松散铺在发酵框内，厚 8～12 厘米。从揉捻开始起，春茶一般需 3～5 小时，夏秋茶 2～3 小时。当茶叶青气消失，散发出熟苹果香，叶色变红（春茶黄红色，夏秋茶红黄色）即可。

烘干：分两次，第一次毛火，温度 100～110℃，上叶厚度 1～2 厘米，时间 15～16 分钟；摊晾 1～2 小时；第二次为足火，温度 80～90℃，厚度 2～3 厘米，时间 15～20 分钟，烘至含水量达 6％。摊晾半小时后装袋。

技术要点：发酵是形成红茶品质的关键，必须保证发酵室的温度和湿度条件。揉捻要足时充分，发酵要适度，避免发酵不足，产生"花青"或发酵过度有"乌条"。

滇红：主产云南省凤庆、临沧、双江、云县、勐海、昌宁等地。特点是条索乌润披金毫，汤色红艳明亮富金圈，香气嫩香浓郁，滋味浓醇有收敛性。

原料要求：一芽二、三叶和同等嫩度的对夹叶。适制品种有凤庆大叶种、勐库大叶种、勐海大叶种、云抗 10 号、云抗 14 号等。

工序：萎凋→揉捻→发酵→烘干。

萎凋：常用室内自然萎凋和萎凋槽萎凋，以折茎不断，捏叶成团，果香透出为度，含水量达 50%～53%。

揉捻：用揉捻机（R920 型或 R650 型）揉捻。按无压、加压、减压方式进行，待茶条卷紧，茶汁外溢即可，时间 40～60 分钟。

发酵：时间 30 分钟或 40 分钟不等，以茶叶色泽黄红，甜香逸出为适度。

烘干：毛火温度 120～130℃，足火温度 80～90℃，烘至含水量达 6%。

技术要点：大叶茶品种易萎凋不足不匀，影响到金毫的显露和色泽的乌润度。若萎凋过重，可在发酵茶表面上适当洒水，促进发酵。

正山小种：主产于福建省武夷山桐木关一带。特点是条索紧结圆直，不带芽毫，色泽乌黑油润，汤色红艳浓厚，有馥郁的松烟香和桂圆汤蜜枣味。

原料要求：以"小开面"二到三叶采为主。适制品种主要是武夷菜茶和福建水仙。

工序：萎凋→揉捻→发酵→过红锅→复揉→熏焙→筛拣。

萎凋：春季或阴雨天常用室内松柴燃烧加温萎凋。鲜叶匀摊在萎凋席上，摊厚 3～7 厘米，室温在 30℃左右，每隔 20 分钟左右翻叶一次；晴天可在晒青架上进行日光萎凋，中间翻动 2～3 次，以折梗不断，略有清香气为适度。

揉捻：先轻压慢揉，再重压快揉，后松压慢揉，揉后将揉团静置定型 10～15 分钟。

发酵：将揉捻叶抖散后置发酵桶或发酵篮中发酵。以 80%左右叶面转为古铜色，青气消失为度。

过红锅：平锅锅温 200℃左右，投叶量 1.5～2 千克，拌炒 2～3 分钟。

熏焙：将在制叶匀摊在竹筛上，厚 3～7 厘米，每筛 2～2.5千克，放置在室内的焙架上，用松柴燃烧的松烟熏焙，历时 8～10 小时。

筛拣：茶叶筛分后在焙笼上用炭火低温慢烘至足干。

技术要点：过红锅要高温、短时，不可炒得过头。熏焙要火力均匀，避免出现老火或外干内湿。

3. 乌龙茶类　按主产区分闽北（武夷）乌龙、闽南（安溪）乌龙、广东乌龙和台湾乌龙。品质虽各有特点，其工艺流程大体一样。现将闽南（传统）乌龙茶制作工艺作一介绍：

原料要求：春茶或秋茶期间，在晴天的上午 10 时至下午 4 时，采摘"小至中开面"的对夹二、三叶和一芽三、四叶嫩梢。主要适制品种有大红袍、武夷水仙、肉桂、铁观音、黄棪、奇兰、金观音、金牡丹、瑞香、春兰、凤凰单丛、岭头单丛、鸿雁 12 号、青心乌龙、金萱等。

工序：晾青→晒青（萎凋）→做青（摇青↔晾青）→杀青→揉捻→烘炒和回潮→包揉造形→烘干。

晾青：茶青（鲜叶）匀摊于篾筛上，厚 10～20 厘米，在阴凉处摊放 30 分钟左右。

晒青（萎凋）：晾青叶摊放 2～4 厘米厚，放在中或弱日光下（一般在下午 3 时后）15～30 分钟，中间匀翻 1～2 次。然后在阴凉处摊放 30 分钟。晒青减重率一般在 6%～15%，以手持嫩梢第二叶下垂，叶色转暗，失去光泽为适度。

如遇阴雨天，可采用热风萎凋法：篾筛架在萎凋槽上，或茶青直接摊放在萎凋槽上，厚 10～20 厘米，或室内直接通热风。热风温度 35～40℃，匀翻 2～3 次。时间 10～60 分钟不等。

做青（摇青↔晾青）：在室温 22℃±2℃、相对湿度 65%～75% 的做青间进行。摇青和晾青一般交替进行 4～5 次，历时 12 小时左右。

①摇青：将晒青（萎凋）叶 0.5 千克左右置于篾筛上，双手持筛旋转，使叶片上下翻滚，互相碰撞。或置于每分钟 25～30 转的摇青笼里往返摇动（俗称"浪青"），茶青约占摇青笼容积的 1/2～2/3。第一次摇 50 次，晾青 2 小时，第二次摇 80 次，晾青 2 小时，第三、四次摇青增加转数与时间。如做青不足，则进行第五次摇青。

②晾青：每次摇青后将在制叶摊放在篾筛上，摊叶先薄后厚，时间先短后长。第三次至第五次晾青时摊成凹状，避免叶片发热红变。

做青程度掌握：叶转黄绿色有光泽，叶尖与叶缘显红色斑点，叶缘垂卷（叶背翻成"汤匙状"），青臭气消失，果香、花香显露。

杀青：将做青叶放入滚筒杀青机杀青，杀青机温度 280℃ 左右，时间 5～6 分钟。手工杀青投叶量每锅 0.5 千克左右，锅温 200～220℃，3～5 分钟。以手握叶成团，折梗不断为度。杀青叶出筒（锅）后摊凉。

揉捻：揉捻机揉捻 15～20 分钟，叶张破碎率达到 25%～30%。手工揉捻用手握住杀青叶快速在篾垫上揉捻 20 余下，抖散，再重复揉捻，以有茶汁溢出为适度。

烘炒和回潮：将揉捻叶 3 千克左右放入滚筒杀青机（烘干机）进行烘炒，温度 80℃ 左右，时间 10～15 分钟，待茶叶含水量达到 40% 左右时停烘，回潮 4～5 小时。

包揉造形：将回潮过的茶叶放入布巾中用手工包揉 3～4 次。第一次包揉 20 分钟，打开解块，用 45～80℃的温度烘 2 分钟；第二次包揉 30 分钟，同样打开解块，烘 2 分钟；第三次包揉 30 分钟，打开解块，烘 2 分钟。这样反复包揉，松包解袋复烘，使水分慢慢消失，茶叶逐渐紧结圆润。最后再定型（布不打开）1 小时。至此，茶叶含水量在15％～20％。

烘干：烘笼温度 85～90℃，茶叶含水量达到 5％～6％时下烘，摊凉待装。

以上全过程约 18～20 个小时。

4. 白茶类

白毫银针：白茶传统名茶之一，因其色白如银，形状似针而名，产于福鼎的白毫银针呈银白色称北路银针，产于政和的呈银灰色称西路银针。

原料要求：采摘福鼎大白茶、政和大白茶春季肥壮芽梢或一芽一叶。

工序：剥针→萎凋→干燥→拣剔。

剥针：将芽梢上的鱼叶和一片真叶剥去，留下嫩茎与壮芽。

萎凋：将剥针后的芽梢薄摊在篾筛上，芽梢不重叠，置通风处或微弱阳光下萎凋，不翻动，至八九成干时进行干燥。

干燥：用焙笼文火烘焙，温度 30～40℃，烘至足干。亦可用日光晒至足干。

拣剔：摘去长梗（"银针脚"），拣去片、杂，复火后趁热装箱。

白牡丹：白茶传统名茶之一，特点是芽叶连枝，毫心肥壮，叶面深灰绿，叶背密披白色绒毛。

原料要求：福鼎大白茶、政和大白茶、福建水仙等一芽二叶初展新梢。

工序：萎凋拼筛→拣剔→烘焙。

萎凋：有室内自然萎凋、复式萎凋（即室内自然萎凋辅以日光萎凋）、加温萎凋等三种。

①室内自然萎凋：室温 20～25℃，相对湿度 70％～80％。鲜叶匀摊在萎凋帘或篾筛上，摊叶厚 2～3 厘米，每筛摊叶约 0.5 千克。时间 48～54 小时。当萎凋 36～42 小时后或萎凋叶达七、八成干时两筛并一筛，中间摊成凹状。并筛后继续萎凋 12 小时左右，达九成干时下筛拣剔。

拣剔：高级白牡丹拣去腊片、黄片、红叶、粗老叶、梗和夹杂物。拣剔时要防止芽叶断碎。

②复式萎凋：春、秋茶室内自然萎凋时可结合进行 2～4 次日光萎凋。将青叶放置于微弱日光下轻晒，温度 25℃左右，相对湿度 70％，一般每次晒 3 分钟；温度高于 28℃，相对湿度低于 60％，晒 15 分钟。待青叶有微热感时即移入室内，叶温降低后再进行第二次日晒，如此反复 2～4 次，总时间 1～2 小时。拼筛、拣剔方法与室内萎凋相同。

③加温萎凋：阴雨天将鲜叶摊放在萎凋槽内，摊叶厚 18～20 厘米，风温 30℃左右，历时 12～16 小时，其间翻拌数次，鼓热风与停风交替进行，一般鼓 1 小时，停 15 分钟。萎凋结束前 20 分钟鼓冷风降低叶温。拣剔方法同室内自然萎凋。

萎凋程度：采用全程自然萎凋即全阴干方法，萎凋至手搓茶叶成粉末，含水量低于 8％为适度。采用萎凋、烘焙加工工艺的则萎凋至九成干时进行烘焙。

烘焙：

①烘干机烘焙：萎凋叶九成干的一次性烘焙，风温 80～90℃，摊叶厚约 3～4 厘米，历时约 20 分钟，烘至足干；萎凋叶六、七成干的分毛火、足火二次烘焙。毛火风温 90～100℃，摊叶厚约 3～4 厘米，历时约 10 分钟，毛火后摊凉 0.5～1.0 小时。足火风温 80～90℃，摊叶厚约 3～4 厘米，历时约 20 分钟，烘至足干。当手搓叶成末，折梗易断，含水量 6% 以下时即成。

②用焙笼烘焙：九成干的萎凋叶，烘温 70～80℃，每笼摊叶 1 千克，20 分钟烘至足干；八成干的，先用 90～100℃烘至九成干，摊凉，再用 70～80℃烘焙至足干。

5. 黄茶类　亦属于不发酵茶，在绿茶加工过程中增加包闷工序，按原料嫩度分黄芽茶，如湖南的君山银针、四川蒙山黄芽等；黄小茶，如温州黄汤、湖南的沩山毛尖、北港毛尖等；

君山银针　主产于湖南岳阳洞庭湖中的君山。特点是芽头壮实挺直，色泽浅黄光亮，满披银毫，称之"金镶玉"。内质香气清纯，滋味甜爽。

原料要求：清明前 3～4 天采摘单芽，芽长 2.5～3.0 厘米，宽 0.3～0.4 厘米，芽柄长约 2～3 毫米。适制品种为洞庭君山种。

工序：杀青→摊放→初烘与摊放→初包→复烘与摊放→复包→足火→分级。

杀青：开始锅温 120～130℃，后期适当降低。每锅投叶量 300 克左右，要轻快翻炒。经 4～5 分钟，减重 30% 左右时出锅。

摊放：放在小蔑盘中，轻轻簸扬数次后摊放 2～3 分钟。

初烘与摊放：摊放后的茶芽置于竹制小盘（竹盘直径46厘米，内糊两层皮纸），放在焙灶（焙灶高83厘米，灶口直径40厘米）上，用炭火进行初烘，温度50～60℃。每隔2～3分钟翻一次，烘至五、六成干下烘，摊放2～3分钟。

初包：摊放后的茶坯，用双层皮纸每1.0～1.5千克包成一包，置于木制或铁制箱内48小时左右，使芽坯在湿热作用下闷黄，待芽呈现橙黄色时为适度。中间需翻包几次，以使均匀。

复烘与摊放：投叶量比初烘多一倍，温度掌握在45℃左右，烘至七、八成干后摊放。

复包：方法与初包相同，以弥补初包时黄变程度之不足。历时24小时左右。待茶芽色泽金黄，香气浓郁即为适度。

足火：温度50℃左右，投叶量每次约0.5千克，焙至足干为止。

分级：按芽头肥瘦、曲直和色泽的黄亮程度进行分级。分级后的茶叶用皮纸包成小包，置于垫有熟石膏的枫木箱中，密封贮藏。

蒙顶黄芽：产于四川省名山县蒙山，特点是外形微扁挺直，嫩黄油润披毫，甜香浓郁，滋味甘醇。

原料要求：特级黄芽每千克1.6万～2万个单芽，一级黄芽为一芽一叶初展。一般从春分采至清明后10天左右结束。适制品种为蒙山种。

工序：摊放→杀青→初包→复锅二炒→复包→三炒→摊放→四炒→烘干→包装

摊放：摊放在蔑簸上，厚度1～2厘米，4～6小时后。

杀青：锅温 140～110℃，由高到低，逐渐下降，投叶量 150～200 克。先闷后抖，采用压、抓、撒相结合的手法。

初包：初包时的茶叶含水量 55%～60%，叶温 55～35℃，存放 60～80 分钟。放置 30 分钟时开包翻拌一次。待叶色由暗绿变微黄时，进行复锅二炒。

复锅二炒：锅温 80～70℃，时间 3～4 分钟，投叶量 100 克左右。采用抖闷结合手法，重在拉直，至含水量 45% 左右进入复包。

复包：将 50℃的复锅二炒叶，经 50～60 分钟的放置，当叶温下降至 35℃左右时进行复包，待叶色变为浅黄绿时再进行三炒。

三炒：方法与二炒相同，锅温 70℃，投叶量约 100 克左右，约炒 3～4 分钟，至含水量降至 30%～35% 时为适度。

摊放：要求茶叶保温在 40～30℃之间，时间 24～36 小时。

四炒（整形提毫）：锅温 60～70℃，投叶量 100g 左右，时间约 3～4 分钟，如黄变不够，可在室温下再堆积摊放 10～48 小时，视黄变情况再行烘干。整形操作是以拉直、压扁茶芽为主，提毫是手握茶芽，在锅中翻滚。

烘焙干燥：用烘笼烘焙，每笼烘叶 250 克，至茶叶含水量 5% 左右，下烘趁热包装入库。

蒙顶黄芽也可采用机制加工，工艺流程是：鲜叶→摊放（23 小时）→杀青（采用滚筒杀青机）→摊晾（30 分钟左右）→闷炒堆积（用 70～80℃锅温闷炒 5～8 分钟后趁热堆积，并盖上白布紧压 1～3 天，视黄变情况而定）→摊晾（1～2 天）→烘干（用自动烘干机文火慢烘）→提香（烘干机 100～110℃快挡烘）→包装。

6. 黑茶类 又称紧压茶，原料较粗老，因制造过程中堆积发酵时间较长，茶叶呈油黑或黑褐色，故名。又因加工中压成某种形状，故又称紧压茶。主要的有湖北赤壁的"老青茶"、湖南安化的"湖南黑茶"、四川雅安的"南路边茶"以及广西的六堡茶、云南的"普洱茶"等。

湖南黑茶：主产于湖南安化、益阳、桃江、宁乡、汉寿、临湘等地。品质是色泽黄褐油润，汤色橙黄，带松烟香，滋味醇厚。

原料要求：采（割）生长成熟的新梢，分四级：一级以一芽三、四叶为主，二级以一芽四、五叶为主，三级以一芽五、六叶为主，四级以对夹新梢为主。

工序：杀青→初揉→渥堆→复揉→干燥。

杀青：杀青前进行洒水（雨水叶、露水叶、一级叶不洒），洒水量为鲜叶重量的 10％左右。

①手工杀青：锅径 80～90 厘米，锅温 280～320℃，投叶量 4～5 千克。鲜叶下锅后，立即用双手均匀快炒，炒至烫手时改用右手持炒茶叉，左手握草把，从右自左转滚闷炒，俗称"渥叉"。当水汽大量出现时，用炒茶叉将叶子抖炒，俗称"亮叉"。如此"渥叉"与"亮叉"反复进行 2～3 次，每次 8～10 叉，时间 4～5 分钟左右。待到嫩叶缠叉，叶软带黏性，具有清香时为杀青适度，迅速用草把将杀青叶从锅中扫出。

②机械杀青：采用滚筒式杀青机，操作方法与大宗绿茶杀青基本相同。

揉捻：初揉用 55 型中型揉捻机揉捻，投叶量 20～25 千克，每分钟 37 转，采用"轻压、短时、慢揉"的方法，时间 15 分钟左右。复揉是将初揉渥堆茶坯解块后再用 40 型小型揉捻机揉捻，投叶量 5 千克左右，方法与初揉相同，但加压要轻，时间 10 分钟左右。

渥堆：室温在 25℃以上，相对湿度在 85％左右，茶坯含水量在 65％。如初揉叶含水量低于 60％，可浇少量清水或温水。初揉下机的茶坯，无需解块直接渥堆，堆成高约 1 米、宽 70 厘米的长方形堆，上盖湿布等物。正常情况下，开始渥堆叶温为 30℃，经过 24 小时后，堆温可达 43℃左右。如堆温超过 45℃，要翻堆一次。以茶堆表面出现凝结的水珠，叶色由暗绿变为黄褐，青气消失，发出酒糟味，附在叶表面的茶汁被叶片吸收，黏性减少，结块茶团可打散为度。

干燥：传统方法是在"七星灶"上用松柴明火烘焙，因此，黑茶带有特殊的松烟香味。七星灶由灶身、火门、七星孔、匀温坡和焙床五部分组成。烘焙时，当焙帘温度达到 70℃以上时，撒上第一层茶坯，厚度 2～3 厘米，待茶坯烘至六、七成干时，再撒第二层茶坯，依此连撒 5～7 层，总厚度为 18～20 厘米。当最后一层茶坯烘到七、八成干时，退火翻焙，即把上层茶坯翻到底层，底层茶坯翻到上层，使上中下茶坯干燥均匀。烘至茎梗折而易断，叶子手捏成末，嗅有松烟香，含水量达 8％～10％即为干燥适度。全程约 3～4 小时。

六堡茶：产于广西苍梧、岭溪、贺县、横县、昭平等地。特点是黑褐光润，汤色红浓，滋味醇和甘爽滑润，有槟榔味。

原料要求：一芽二、三叶至四、五叶。多为当地群体品种。

工序：杀青→揉捻→渥堆→复揉→干燥。

杀青：特点是低温杀青。手工杀青采用 60 厘米的铁锅，锅温 160℃，每锅投叶量 5 千克左右。投叶后，先闷炒，后抖炒，全程约 5～6 分钟。目前多采用机机械杀青。如果鲜叶过老或夏季高温，可先喷少量清水后再杀青。

揉捻：嫩叶揉捻前须进行短时摊凉，粗老叶须趁热揉捻。投叶量以加压后占揉桶的 2/3。先揉 10 分钟左右解块分筛，再复揉 10～15 分钟。一般一、二级茶约 40 分钟，三级以下约 45～50 分钟。以叶张破损 65% 左右为宜。

渥堆：揉捻叶解块后，即进行渥堆，一般堆高 33～50 厘米，堆温控制在 50℃ 左右，如超过 60℃，要立即翻堆散热，以免烧堆变质。在渥堆过程中，要翻堆 1～2 次，使渥堆均匀。渥堆时间一般为 10～15 小时。待叶色由青黄变为深黄带褐色，茶坯出现黏汁，发出特有的醇香即为适度。二级以上的嫩叶，先烘至五、六成干后再进行渥堆。

复揉：复揉前用 50～60℃ 的温度烘 7～10 分钟，使茶坯受热回软，以利成条。复揉要轻压轻揉，时间约 5～6 分钟。

干燥：在"七星灶"上用松柴明火烘焙。烘焙分毛火和足火，毛火焙帘烘温 80～90℃，摊叶厚度 3～4 厘米，每隔 5～6 分钟匀翻一次。烘至六、七成干时下焙摊凉 20～30 分钟，再足火干燥。足火烘温 50～60℃，摊叶厚度 35～45 厘米，时间 2～3 小时。烘至含水量在 10% 以下。

技术要点：干燥切忌以晒代烘，亦不可用有异味的樟木、油松等烧柴或湿柴代替松柴。

普洱茶：主产云南省西双版纳、普洱、临沧等州市。特色是色泽褐红（猪肝色），琥珀汤色，陈香浓郁，醇滑回甘。

原料要求：新梢顶芽停止生长，下部枝条基本成熟时采一芽四、五叶和对夹三、四叶。主要品种有凤庆大叶茶、勐库大叶茶、勐海大叶茶以及云抗系列等无性系品种。

工序：摊青→杀青→揉捻→日光干燥→渥堆发酵→称茶装甑→蒸茶压制→干燥→包装→仓储陈化。

摊青：可直接在摊青间水泥地面或在竹笆上分层摊晾，时间 2～5 小时不等。

杀青：由于鲜叶较成熟，杀青前先洒水（俗称"打浆"或"灌浆"），每 100 千克茶约洒水 10 千克左右。锅温240～300℃。一般一、二级鲜叶 4～5 分钟，三、四级鲜叶6～7 分钟。亦可用滚筒杀青机杀青。

揉捻：趁热揉捻。一般是一、二级鲜叶初揉时先轻揉 5 分钟，加压 5 分钟，然后再轻揉 5 分钟左右；三、四级茶因叶子较老，加压较重，揉时 10 分钟左右。要求达到一、二级茶条索紧卷，三级茶紧结，四级茶起皱褶。

干燥：用日光晒干，含水量达 9％～12％左右。晒青茶特点是色泽墨绿或黑褐，有日晒味（笋干味）。

渥堆发酵：先将晒青茶潮水。渥堆厂房温度 25℃以上，相对湿度 85％，空气流通。将在制茶堆成 1～1.5 米高的茶堆，堆上面泼水后盖上湿布，堆内温度控制在 40～60℃。渥堆发酵全过程约 45 天左右，期间需翻堆 3～4 次，以使发酵均匀。

称茶装甑：将较嫩的茶用作面茶，较老的茶作里茶，两者的比例是，砖茶和饼茶为 25％：75％，沱茶为 50％：50％。将按比例称好的茶叶装入甑内待蒸。

蒸茶压制：先用饱和蒸汽将茶蒸软，蒸汽温度 130℃，357 克饼蒸 5～30 秒，3 000 克饼蒸 1 分钟左右，以茶叶变软为适度。然后上压茶机压制。

干燥：把压制好的茶放置在 45℃ 的烘房晾架上，一般 3～5 天，当水分低于 10% 时即可下架包装，也可日光晒干。置于通风、清洁、无异味的环境中存放。

包装：紧压茶包装材料，内包装用棉纸，外包装用笋叶、竹篮等。

仓储陈化：采用干仓存储，温度在 25～28℃，相对湿度 75% 以下（以 60%～70% 最好），并要求环境清洁、通风、无异味。

（三）典型茶类的识别

茶类的识别一般看外形（紧压茶看形状）和色泽就能确定，但茶叶的真伪和品质的优劣必须进行"色、香、味、形"的感官审评方能断定。现将各茶类特点举例如下，以资参考识别。

1. 绿茶类

（1）龙井茶（扁形茶代表）

原料：一芽一叶或一芽二叶初展，芽长于叶。

外形：光扁平直，挺秀尖削，匀称整齐，色泽翠绿或嫩黄（糙米色）。

汤色：浅绿明亮。

香气：鲜嫩清幽，幽中孕兰。

滋味：甘醇鲜爽。

叶底：嫩绿鲜亮成朵。

常见的主要弊病是，芽叶嫩度不一，外形不够光滑平直，茸毛显露，色泽深绿、花杂或起霜；汤色欠明亮；香气平和或带青气；滋味醇和或有生青味、高火味；叶底欠匀，有青张或红梗。

（2）碧螺春（卷曲形茶代表）

原料：一芽一叶初展，芽长 1.6～2.0 厘米。

外形：条索纤细，卷曲呈螺，满披茸毫，银白隐翠。

汤色：嫩绿清澈。

香气：嫩香。

滋味：鲜醇。

叶底：芽大叶小，嫩绿明亮。

常见的主要弊病有，不够卷曲成螺，条索不紧结，色泽绿暗或偏黄，香气平淡，带有烟焦味（市场上常见的用大叶种做的卷曲茶多此情况）。

（3）黄山毛峰（毛峰、毛尖、云雾茶代表）

原料：特级茶一芽一叶初展，一级茶一芽一叶和一芽二叶初展。

外形：条索壮实，绿润显毫。

汤色：黄绿清澈明亮。

香气：清香高长。

滋味：鲜浓醇厚。

叶底：嫩黄成朵。

常见的主要弊病有，条索粗松，色泽绿暗或偏黄褐，带有烟焦气。

（4）雪水云绿（芽形茶代表）

原料：特级茶单芽或一芽一叶初展。

外形：条索挺直扁圆，形似莲芯，银绿隐翠。

汤色：清澈明亮。

香气：清香高锐。

滋味：鲜醇。

叶底：嫩匀绿亮。

常见的主要弊病是，色泽青绿，带有生青气，滋味淡薄。

（5）雨花茶（松针形茶代表）

原料：特级茶一芽一叶初展，芽长不超过3厘米。

外形：形似松针，条索紧直、浑圆，两端尖削，茸毫隐露，色泽墨绿。

汤色：绿而清澈。

香气：清香浓郁。

滋味：鲜醇。

叶底：嫩匀明亮。

常出现的主要弊病有，色泽乌暗，带有烟气，滋味欠鲜爽。

2. 红茶类

（1）祁门工夫（祁红）

原料：高档茶以一芽二叶为主，中档茶以一芽三叶和同等嫩度的对夹叶为主。

外形：条索紧细，有锋苗，色泽乌润。

汤色：红亮。

香气：浓郁高长，有果糖香——祁门香。

滋味：醇和鲜爽。

叶底：嫩软红亮。

常出现的主要弊病有，干茶色泽乌褐或枯红，无光泽，汤色浅红，味淡不鲜醇。

（2）滇红功夫（滇红）

原料：以云南大叶茶品种一芽二、三叶为主。

外形：条索肥壮紧结，色泽乌润，金毫满披。

汤色：红艳明亮，金圈厚。

香气：浓郁持久。

滋味：浓厚，刺激性强。

叶底：红亮柔软。

常出现的主要弊病是，干茶色泽棕红或枯红，无光泽，条索断碎不匀净，汤色红褐，滋味浓涩（苦）不爽。

3. 乌龙茶类

（1）大红袍（武夷茶区）

原料："中开面"时留一叶，采对夹三、四叶。

外形：条索壮实，色泽绿褐鲜润。

汤色：金黄清澈。

香气：馥郁，带兰花香。

滋味：醇厚回甘。

叶底：软亮，叶缘有朱红点。

常出现的主要弊病是，发酵过度，汤色偏红，香气低，味欠醇厚。

（2）武夷水仙（武夷茶区）

原料："中开面"时留一叶，采对夹三、四叶。

外形：条索稍曲或弯，色泽油润暗沙绿，近似青蛙皮。

汤色：清澈橙黄。

香气：馥郁，略带兰花香。

滋味：醇厚鲜爽。

叶底：软亮，叶缘有朱砂红点，俗称"青底红边"。

常出现的主要弊病有，发酵过度，汤色深红，香气低沉，味不正或有粗老叶味。

（3）铁观音（闽南茶区）

原料："小至中开面"采，采对夹三、四叶。

外形：肥壮圆结，沉重匀整，砂绿鲜润，红点鲜艳。

汤色：金黄明亮。

香气：馥郁幽长，带兰花香。

滋味：醇厚甘鲜。

叶底：软亮，红边肥厚。

常见的主要弊病有，出现"死青"，发酵不匀，香味不正。

（4）黄金桂（闽南茶区）

原料："小至中开面"采，采对夹三、四叶。

外形：紧细卷曲，金黄油润。

汤色：金黄明亮。

香气：馥郁高长。

滋味：清醇鲜爽。

叶底：黄绿色，尚软亮，红边明。

常见的主要弊病有，出现"死青"，发酵不匀，香味不正。

（5）岭头单丛（潮汕茶区）

原料："小至中开面"采，采一芽二、三叶。

外形：条索紧直，黄褐油润。

汤色：金黄明亮。

香气：高锐浓郁持久，具蜂蜜香。

滋味：醇爽回甘，蜜味显。

叶底：尚软亮，红边明。

（6）凤凰单丛（潮汕茶区）

原料："小至中开面"采，采一芽二、三叶。

外形：挺直肥硕，鳝褐油润。

汤色：深黄明亮。

香气：浓郁，花蜜香。

滋味：甘醇爽。

叶底：红边明。

（7）冻顶乌龙（台湾茶区）

原料："小开面"采，采一芽二、三叶和对夹二叶。

外形：条索紧结，卷曲成球，墨绿油润。

汤色：蜜黄透亮。

香气：清香持久。

滋味：浓醇甘爽。

叶底：红边明。

（8）白毫乌龙（台湾茶区）

原料：采一芽一、二叶。

外形：茶芽肥壮，白毫显露。红、黄、白、绿、褐五色相间。

汤色：橙红明亮，呈琥珀色。

香气：熟果香或蜂蜜香。

滋味：甜醇。

叶底：红亮透明。

4. 普洱茶类

（1）七子饼茶

原料：以云南大叶茶品种一芽三、四叶制的晒青茶为原料。

外形：紧结、圆整、显毫，褐红色。

汤色：深红褐（琥珀色）。

香气：纯正，陈香显。

滋味：醇浓滑口。

叶底：呈深猪肝色。

（2）普洱沱茶

原料：以云南大叶茶品种一芽三、四叶制的晒青茶为原料。

外形：形似碗臼状，紧结光滑、白毫显露，褐红色。

汤色：红浓。

香气：陈香。

滋味：醇厚回甘。

叶底：稍粗，呈深猪肝色。

（3）普洱散茶

原料：以云南大叶茶品种一芽三、四叶制的晒青茶为原料。

外形：条索粗壮、肥大，叶表起霜，褐红色。

汤色：红浓明亮。

香气：陈香。

滋味：醇厚回甘。

叶底：稍粗，呈深猪肝色。

5. 黄茶类

（1）君山银针

原料：一芽一叶初展，芽长 2.5～3.0 厘米。

外形：芽壮挺直，匀整露毫，黄绿色。

汤色：杏黄明亮。

香气：清香浓郁。

滋味：甘甜醇和。

叶底：黄亮匀齐。

（2）蒙顶黄芽

原料：一芽一叶初展。

外形：扁平挺直，嫩黄油润，全芽披毫。

汤色：黄明亮。

香气：甜香浓郁。

滋味：甘醇。

叶底：黄亮。

6. 白茶类

（1）白毫银针

原料：福鼎大白茶或政和大白茶春茶单芽。

外形：单芽匀整，条秀如针，色泽银白（灰白）。

汤色：杏黄。

香气：显毫香。

滋味：鲜醇回甘。

叶底：肥嫩柔软。

（2）白牡丹

原料：政和大白茶、福鼎大白茶或福建水仙春茶一芽二叶。

外形：毫心肥壮，叶张肥嫩，波纹隆起，叶背遍布白色茸毛，叶面深灰绿色。

汤色：杏黄或橙黄清澈。

香气：毫香显。

滋味：鲜醇。

叶底：浅灰色，叶脉微红。

7. 花茶类

（1）茉莉花茶（茉莉烘青）

原料：以一芽二、三叶烘青作茶坯。

外形：条索紧细匀整，色泽褐绿显毫。

汤色：黄绿明亮。

香气：鲜灵浓厚。

滋味：醇厚。

叶底：嫩黄柔软。

（2）玫瑰红茶

原料：以一、二级红条茶作茶坯。

外形：条索紧结，色泽乌润。

汤色：红明。

香气：浓郁玫瑰花香。

滋味：醇和。

叶底：嫩软红亮。

（四）茶叶贮藏与选购

1. 茶叶的贮藏　由于茶叶有以下特性，所以必须采用科学的贮藏方法才可以保持茶叶较长时间的不变质。

（1）吸湿性：干茶疏松多孔隙，茶叶本身又有很多亲水成分，具有很强的吸水性。

（2）吸附性：茶叶中含有棕榈酸和萜烯类物资，具有很强的吸附性，一旦异味被吸附，很难消除。

（3）陈化性：茶叶中的茶多酚、酯类、维生素 C、叶绿素等物质在一定的水分、温度和氧气条件下会自动陈化。

①茶多酚：茶多酚的主体是儿茶素，儿茶素分子中含有较多的酚性羟基，在湿热条件下极易自动氧化、聚合、缩合，形成各种有色物质，使绿茶色泽枯黄，汤色黄褐，香气滋味低沉。

②脂类：绿茶中含有油脂、糖脂、磷脂等脂类物质，它们是不稳定的化学成分，在有高温、光照、氧气情况下，很易氧化分解，产生有陈味的醛、酮、醇等挥发性物质，使茶叶香味变质。

③维生素 C：维生素 C 在高级绿茶中含量很高。在高温

和氧气存在情况下，使还原型的维生素 C 氧化成氧化型的 C。

④叶绿素：绿茶干茶色泽呈绿色主要是叶绿素成分。在光和热的作用下，叶绿素会分解，使翠绿色的叶绿素变成褐色的脱镁叶绿素，绿色消失，变成墨绿色或黄褐色。

⑤氨基酸和可溶性糖：茶叶在贮藏过程中，氨基酸可和茶多酚、可溶性糖形成不溶性的聚合物。这些聚合物不溶于水，且色泽呈黑褐色，使滋味下降，汤色变褐。

⑥微生物：在高温和潮湿（茶叶含水量超过 10％）情况下，茶叶中的霉菌、细菌、酵母极易繁殖，从而使茶叶霉变，失去饮用价值。

所以，茶叶要在干燥、低温、缺氧和避光下贮藏。常用的方法有：

①陶瓷瓦坛法：瓦坛底放生石灰，茶叶用皮纸等一类纸（不可用塑料袋）包扎后放在石灰块上面。瓦坛口密封，石灰隔半年左右换一次。

②抽气充氮法：将茶叶放在多层复合袋中，抽去袋中空气，充入氮气。适用于少量储存或商业包装。

③低温冷藏法：利用冰柜或冰箱冷藏，温度在 0～5℃。大容量的可用专用茶叶保鲜库，一般有 10～100 立方米，库房温度在 －18～2℃。只要采用密封性好的包装材料，在 －5℃以下贮藏 8～12 个月，在 －10℃以下贮藏 2～3 年，品质基本不变。

④硅胶干燥法：硅胶是一种吸湿性很强的干燥剂，用于小型容器贮藏茶叶。硅胶色泽由蓝变红就需烘或晒，待复蓝后可继续使用。

2. 茶叶的选购 按照所选购茶类的级别或档次，先看外形，干嗅香气，最好再开汤审评，以对其色、香、味、形作全面评价。凡是品质正宗的茶应该符合以下要求：

（1）造形到位，如龙井茶两头尖削，中间宽扁；卷曲形茶，卷曲成螺，茸毛披露；紧压茶不紧不松不掉渣。

（2）芽叶嫩度好，除紧压茶以外，名优茶以一芽一叶和一芽二叶初展为主；大宗茶以一芽二三叶为主；乌龙茶以小开面叶为主。

（3）匀度好，大小长短一致，没有碎片、蒂梗、夹杂物。

（4）有光泽，有润度，表明是新茶。绿茶色泽呈青绿、暗绿、青褐、花杂，红茶呈棕红、枯红、褐红、褐黄不是好茶；茶叶有爆点的表示加工时温度过高，会有高火味或煳焦味；茶叶晦暗可能是陈茶。

（5）茸毛多，除龙井茶等一般都要求外披毫毛，表示芽叶细嫩，视觉效果好。

（6）茶叶干闻应有正常的茶香。干茶的香气与开汤后的香味有一定的相关性。有高火味、糊焦味、日晒味、异味、酸馊味的属于中下档茶或次品茶；具有明显触鼻的气味，可能是加了香精的茶叶。

（7）茶叶冲泡后，茶汤清澈明亮，叶底嫩匀有光泽，红茶茶汤红艳有金圈，普洱茶红浓明亮似琥珀色，一般是优质茶；滋味有明显苦味、涩味的不是好茶。

如何保存茶叶　　　传统纸包茶　　　茶叶感官审评评茶程序

第七讲

沏泡茶相关知识

一、茶艺文化的发展历程

"茶艺"这一词汇自 20 世纪 80 年代从台湾传入大陆，开始了中国茶艺文化的初期发展阶段，在这之前茶叶界主要从事茶树品种、茶树栽培、茶叶加工、茶叶质量审评及茶叶内含物质的相关研究。开始茶艺的契机是茶叶的科学冲泡，以多少水量、多少水温、多少茶水比例沏泡出来的茶汤香浓味醇，这是符合当时的习惯思维的。

在此科学沏泡的基础上，人们开始了饮茶活动中审美情趣的涵育，如茶具之美、茶具与所沏泡茶品的配合，茶器具组合艺术的雅致，泡茶活动中人的坐姿、站姿、行姿及动作的优美的研究。开始了以怎样的泡茶姿态、沏泡技法符合审美要求。

至 21 世纪，随着茶艺馆从大中城市发展至中小城市，茶艺文化的发展有了更为广泛的传播，逐渐形成了："运用沏泡技艺，充分发挥茶的色香味形品质特征、雅化泡茶感觉意境"为内容的茶艺思想。

纵观中国茶艺发展，可分为以下几个阶段：

1. 节俭喝茶的时代 20 世纪 70 年代物质匮乏的时代，没茶喝，买茶需凭票供应。

2. 有茶喝的时代归功于 1978 年的改革开放，农村实行分田到户，调动生产积极性，倡导科学种茶，至 20 世纪 80 年代，茶叶生产有了长足发展，有每公顷 7 500 千克的，因而有茶可喝了，但大部分是大宗茶类，如炒青茶、烘青茶、条形工夫红茶、茉莉花茶等。

3. 1983—1984 年茶叶积压，促发了名优茶的恢复和新创名茶的生产，并且开始了茶文化的创导。国内茶文化的创导者是庄晚芳先生。倡导的锲入点是宣传饮茶与人体健康，目的是促进茶的生产与销售。

4. 1986—1987 在日本茶道文化和中国台湾茶艺活动的影响下，中国大陆产生了茶艺活动，切入点是科学泡茶，最早的茶艺活动名称是"客来敬茶"。

5. 1978 年中国台北管寿龄小姐开设第一家茶艺馆，至 20 世纪 80 年代后期，茶艺馆开始在广东、福建、浙江、上海等经济发展较快的沿海地区产生和发展，这是茶艺文化与社会生活的结合，赋予了茶艺文化以强大生命力。

二、各类饮茶活动的概念辨析

取一个茶具，投上茶叶，注入开水，饮用茶汤，我们称之为喝茶、吃茶、饮茶，也有人称之为泡茶、沏茶、煎茶、品茶等，如何界定其概念？理清各类饮茶活动的概念，有助于我们有的放矢地开展各项工作。

1. 喝茶 由于解渴、提神、嗜好等生理需要而随意地饮用茶汤，这种现象称"喝茶、吃茶、饮茶"。办公室喝茶、田间地头喝茶、开车喝茶。随时随地可喝茶。特点：不讲究器具、茶、水、环境的好坏。目的：解渴、提神、嗜好等。

饮茶与喝茶、吃茶相比较，常运用于书面语言。而喝茶、吃茶作为一种口头语言表达，常用，有通俗的特性。

2. 品茶 是饮茶文化的一种表现方式，"品"从字义上是"三口为品"，实际上是一种细啜慢饮的现象，是多口品饮。比较讲究茶品优劣、饮茶用水、泡茶用具、饮茶环境，甚至茶艺师的形象与神态等，侧重于品茶人对这些内容的审美感觉。品茶审美是全方位的，审视品茶环境中的一切感觉意境，通过品茶可以"格物、致知"，可培植人的雅艺精神，改变大大咧咧的习惯；品茶活动应该有"好茶、好水、雅具、美景"这些基本要素，再加上有"同道中人"就是理想的品茶，尽量避免刘姥姥式的，不懂品茶，还乱发表一通见解："好是好，就是淡了些，要是熬的浓些就好了"，惹得贾母与众人大笑起来。

3. 泡茶 茶叶投放于器皿，冲入水，水与茶浸泡在一起，茶汤浓度逐渐增大的过程，称之为泡茶，饮茶中，需及时添水。水温低，茶汤浓度低，冲泡次数多；水温高，茶汤浓度高，冲泡次数少；小分子易溶物质先浸出，大分子易溶物质后浸出。是中国广大地区清饮法的主要泡法。其特点是泡法简单，缺点是难以控制最佳茶汤浓度。

4. 沏茶 茶叶投放于茶壶、盖碗之类易沥出茶汤的容器，注入水，俟茶汤至一定浓度，沥出茶汤，有茶水分离的过程。须专注于此，有良好的茶汤色、香、味表达。

5. 煮茶 茶叶投放于容器，注入水，或在有水的容器中投入茶，加热至水开，俟茶汤有一定浓度，舀出茶汤或沥出茶汤，饮用。

6. 煎茶 词意是煎鱼、煎蛋、煎饼一般，放上调料，使之有一定的色、香、味。后来凡在釜或锅中放入茶及调味品，并有一定的烹饪动作辅助的，笼统的称之为煎茶。《封氏闻见记》记载了李季卿"命奴子取钱三十文酬煎茶博士。"

7. 烹茶　烹字沿用最为复杂，最初应是象形文字，是一个容器里盛放食物，盖上盖子，下面用支架支起容器，用火烧，有点蒸的意思；当然也可以是有盖的釜之类下面用火煮的，这有点像煮茶了，其特点是离火较远。汉代，王褒《僮约》"烹茶"，是茶菜在锅中开水里浸渍，或称以汤煮物，其"烹"如"瀹"；从"烹小鲜"的词意理解，在烹的过程中，没有过多的搅动、翻动之意。在历史沿革中，只要用有盖的壶煮水，就有烹的意思，如潮汕有"烹茶四宝"，潮汕炉（炭炉）、玉书碾（烧水壶）、孟臣壶（紫砂壶或朱泥壶）、若琛瓯（品茗杯），没有煮茶的现象，现今来看属于"沏茶"的范畴。由于自古至今，没有人确切定义"烹茶"，本文先暂定，在煮茶或煮水的过程中，没有搅动，没有添加其他物品，茶叶没有紧贴锅（釜）底受热，制作茶汤的过程称为"烹茶"。当下，可把茶叶置入煮茶包，在茶壶内煮，作为烹茶。以待博雅完善。

8. 茶馆　以茶水饮料等作为等价交换的商品，这类场所，称之为茶馆。

9. 茶艺馆　把普通的饮茶活动提升为富含文化艺术的品茗活动，讲究环境氛围的营造，讲究优质的服务。这类经营场所可称为茶艺馆。

三、茶艺基础知识

茶艺基本手法

1. 泡茶三部曲　整个沏泡茶活动可分为：准备阶段、操作阶段、完成阶段，每个阶段都有其特定的内容。每个阶段互相联系，没有充分的准备阶段，操作阶段就会出现问题。准备阶段的任务是准备好所有泡茶物品；

操作阶段是具体泡茶过程；完成阶段是指再斟茶水、收具、洁具、清洁泡茶场所、甚至整理好茶器具等。如下图所示：

> （1）准备阶段：准备茶叶、开水、器具、服饰、背景音乐等，为操作阶段做好准备工作，准备阶段是整个泡茶过程的基础。
>
> （2）操作阶段：整个泡茶的过程（出场、行礼、沏泡），动作要求娴熟、流畅，操作阶段是整个泡茶过程的核心内容。
>
> （3）完成阶段：收具、行礼、退场、洁具、清洁泡茶场所、整理茶器具等。

2. 泡茶三要素 泡好茶还要了解泡茶三要素，即要泡好一杯茶，需适当的茶水比例，泡茶的水温、浸泡时间的掌握。

茶少水多茶汤过浓；水温低泡不开茶叶，过高易烫熟细嫩的芽叶；浸泡时间过长，茶汤太浓，过短茶汤淡等。泡好一杯茶要掌握哪些要素呢？

（1）茶水比例：红茶、绿茶、花茶、白茶、黄茶的茶水比例是1∶50（3克茶叶，150毫升水）；乌龙茶的茶水比是1∶22（紧结形乌龙茶投茶壶的1/3，松展形乌龙茶投茶壶的2/3）；普洱茶的投茶量为8～12克。

（2）浸泡时间：一般而言，乌龙茶的浸泡时间一泡45秒，二泡1分钟，三泡1分15秒，每多泡一次，时间延长15秒。浸泡时间长，茶汤浓度高，浸泡时间短，茶汤浓度淡。

（3）泡茶水温：乌龙茶用100℃的水温沏饮；大宗的红绿茶用90～95℃的水温沏泡；名优绿茶用80℃左右的水温沏泡；蒸青绿茶之一玉露用45～60℃左右的水温沏饮；普洱茶用100℃的水温沏泡。陈年老茶用高温水沏饮或煮饮。

3. 泡茶三投法 沏泡茶叶还讲究投茶方法，比如细嫩名优绿茶用上投法，是指在茶杯中先注开水后投茶，可提升茶汤品质，有更佳的茶汤色、香、味、形表达。西湖龙井茶采用中投法，是先浸润泡，后冲开水。而下投法则是先投茶，后冲开水。其他也有根据室温不同采用上投法、中投法、下投法的，如夏天上投法，冬天下投法，春秋中投法。

(1) 上投法：先往杯中注入七分满的开水，然后投茶（如碧螺春、信阳毛尖等细茶）。

(2) 中投法：先浸润泡，后冲七分满开水或先注少量的开水，投茶后浸润泡，后冲水七分满（西湖龙井、开化龙顶等）。

(3) 下投法：先投茶，后冲水七分满开水（红茶或乌龙茶等）

4. 茶、茶具、水的选配沏泡 茶、茶具、水的选配沏泡是品茶艺术的主要内容。通过选配茶、茶具、水沏泡茶叶，充分发挥茶的色、香、味、形，突出茶的优良品质特征的方面，掩饰茶的品质缺陷方面，使制作的茶汤外形美观、滋味甘醇爽口、香气浓郁怡人、色泽赏心悦目。它将有助于人们理解品茶艺术。

近两年来，社会上愈来愈多的人垂爱于品茶艺术，最主要的因素在于品茶艺术包含了自然科学、民俗文化与社会科学，内涵十分丰富。如饮茶与人体健康、水质与茶、茶水比例、水温、浸泡时间与茶汤浓度的相关知识，及看汤色、闻香气、尝滋味、观叶底等亲身体验事物，接触事物，增进对自然与世界事物的了解和感知。通过沏茶技艺的学习，还有助于习茶艺者增进动手操作能力，提高审美情趣、语言表达能力、礼仪运用能力等综合知识。

熟练掌握茶、茶具、水的选配沏泡，有助于我们理解和掌握品茶艺术，进入品茶艺术之门。它要求习茶艺者熟悉掌握各种茶的品质特征，熟练地运用选具、选茶、选水，充分发挥茶叶的品质特征，并不断提高审美艺术。

（1）高级绿茶［芽茶］、敞口厚底玻璃杯与80℃水的选配沏泡：选细嫩绿茶，选择几种常用茶具：①陶瓷小茶壶；②紫砂茶壶；③敞口厚底玻璃杯；④小口长玻璃杯（啤酒杯）；⑤盖碗茶杯。分别投茶叶于各茶具中，用同样的茶水比例沏泡，然后观赏，就可以看出是敞口厚底玻璃杯最适宜。因为人们用眼睛就能观察敞口厚底玻璃杯内的茶沉浮起落，茶芽似春笋排列整齐，上下相对，形状十分优美，给人一种美的享受，一种浮想联翩的思绪。观看者有一种迫切的愿望，希望能品尝这杯香茗。这也符合科学泡茶理论，高级绿茶芽叶比较细嫩，高温的开水或不易散温的茶具，易使嫩绿芽叶变黄，影响茶汤色、香、味。玻璃杯散热快，较适合嫩绿茶叶的沏泡。而盖碗茶杯则没有上述这么多视觉享受，仅能看到水平面的茶芽。小口长玻璃杯沏泡后，茶叶开始在水面上浮着，然后有茶叶沉到杯底，中间空荡荡的，如果以艺术画作比喻，人们欣赏的这幅画上边与下边有点内容，而画面中间是空白，不被人们所欣赏。从茶汤的质量来说茶汤浓度分布不均匀，水温散失太慢，茶叶就容易变黄，茶汤也就黄变，影响茶汤的质量。陶瓷小茶壶与紫砂茶壶由于沏泡后，人们观赏不到高级绿茶的优美外形，通过沏泡没有发挥茶的优良品质特征，反而掩盖了它的品质特征——外形。所以自然选择高级绿茶、敞口厚底玻璃杯，80℃左右的水温组合。需说明80℃是指正在冲泡下注的水温，尚未到杯中的水。

花茶

（2）茉莉花茶与盖碗茶杯选配沏泡：选普通茉莉花茶，用前述五种茶具进行沏泡，请人们品茶。从茶艺师通过选配茶、茶具、水，沏泡茶叶应该充分发挥茶的色、香、味、形，应突出某种茶的品质特征，掩饰茶的某一缺陷这一基本原理出发。可以发现用玻璃杯沏泡茉莉花茶，茶叶的外形、色泽不美观，用陶瓷小茶壶或紫砂茶壶沏泡茉莉花茶不能充分发挥茉莉花茶的香气，未能让人们领略它的优雅芳香，相对密闭的茶壶易使鲜嫩的花香闷坏。而盖碗茶杯与玻璃杯相比较，既能掩盖普通茉莉花茶外形的缺陷，因为它的被观察面是二维平面，拱形的杯盖有利于蕴集香气，因为随着杯盖的起伏，茉莉花香、茶香一阵阵飘逸出来。因此，很明显盖碗茶杯比较适合沏泡普通茉莉花茶。

（3）高档紧结型乌龙茶与紫砂茶具（紫砂茶壶、闻香杯、品茗杯）的选配沏泡：选高档紧结型乌龙茶，用前述五种茶具分别进行沏泡，另加一种紫砂茶壶、闻香杯、品茗杯的搭配。用玻璃杯沏泡乌龙茶，由于乌龙茶叶子粗大，经过揉捻做青，叶子有破碎卷曲，沏泡后叶子完全舒展形状不雅观。茶叶的色泽青褐色，也说不上视觉的享受。特别是乌龙茶要求较高的水温沏泡，而玻璃杯容易散热，不能有效浸出茶叶内含物，影响茶汤的滋味。因而，用玻璃杯沏泡乌龙茶是不适宜的。

如白瓷小茶壶或紫砂茶壶沏泡乌龙茶，相对而言，可以掩饰乌龙茶叶形与色泽缺陷，加盖的茶壶以及较厚的壶壁保持水温的时间较长，茶汤滋味较好。就瓷茶壶与紫砂茶壶相比较，紫砂茶壶保温性更好于瓷茶壶。但是上述五种茶具，均未充分发挥乌龙茶的香气特征。作为茶馆中的茶艺师，如果熟悉乌龙茶的品质特征，通过选配茶具，用紫砂茶壶、闻香杯、品茗杯的组合就比较理想。紫砂茶壶沏泡乌龙茶，发挥乌龙茶的茶汤品质特征；茶汤注入闻香杯，利用闻香杯的留香特性，可以欣赏嗅闻茶汤留下的热香、温香、冷香，优雅的芳香令人难以忘怀；闻香杯中的茶汤注入小品茗杯，小品茗杯内壁往往是白釉，可映衬茶汤色泽美。在品茗前还可欣赏金黄色的茶汤，然后品尝茶汤的滋味。该三件组合，较好的发挥了乌龙茶的香气、滋味、汤色品质特征，而掩饰了乌龙茶叶形、叶色的缺陷，是品茶艺术师的精心之作。

（4）高级绿茶与小玻璃茶杯、普通玻璃茶杯、大玻璃茶杯的选配比较：在日常生活中，我们经常可以看到人们为了方便，经常使用很大的玻璃茶杯来沏泡茶叶，人在旅途、或工作繁忙只有如此。但上茶馆品茗需要更适宜的茶具了。比如在上述三个玻璃杯中投放适量的茶叶，按人们的习惯注入开水七八分满，数分钟后，可以观测到杯子愈大，茶叶黄变愈快，杯子愈小，茶叶的汤色愈翠绿，香气愈浓，滋味愈鲜醇，耐冲泡的次数愈多。其原因上述已谈到，不再另述。其缺点是小玻璃杯添水次数频繁，但茶汤质量较好。可见品茗是要有闲情逸致的，其选配结果自然是高级绿茶与小玻璃杯。

（5）蒸青绿茶（玉露茶）与陶瓷小茶壶、陶瓷品茗杯及低温水的选配组合：蒸青绿茶中的高级煎茶和玉露茶，是极嫩绿的茶叶，通过该茶的沏泡，可以深刻认识沏泡技艺的重要性。由于这种茶往往是在遮荫的情况下生长，芽叶特别稚嫩，冲泡水温特别低，一般水温 45～50℃。把茶叶分别投入前述五种茶具，另加一种陶瓷小茶壶与陶瓷品茗杯，注入冷却至 45℃ 的温水沏泡，可以观测到玻璃杯沏泡的茶叶，色泽虽然很嫩绿，但叶子比较碎杂，一杯供人饮用的香茗不够雅致美观，不够引人注目，难以激起人们饮用这杯茶的兴趣。盖碗茶杯所沏泡的结果与它相类似。紫砂茶壶和陶瓷小茶壶所沏泡的茶汤，人们没法进行观测，而只有小瓷茶壶和白瓷品茗杯的组合，才能显示十分翠绿的汤色，引起人们情不自禁地品茗热情，才能使饮用者领略高级蒸青绿茶特别鲜醇的滋味。白瓷茶壶与紫砂茶壶相比较，就蒸青绿茶的茶汤而言，白瓷茶壶、白瓷品茗杯映衬茶汤更嫩绿美妙。

如果习惯于用80℃的开水沏泡这特别嫩绿的绿茶，叶色迅速变黄，汤色、滋味、香气的品质下降，恰如幼嫩禾苗遇烈日会萎凋、焦枯，而温暖的阳光、和风细雨将会苗壮成长一样，适宜的水温，水质、水量对于发挥茶的品质特征有特别重要的作用。延伸到茶艺的各个细节，都将有助于发挥各种茶的色、香、味、形及有助于提高品茗情趣。

(6) 八宝茶与紫砂茶壶或盖碗茶杯的选配组合：市面上八宝茶的种类较多，一般是用耐泡的茶叶，如绿茶可选炒青绿茶、红茶可选条形大树红茶，加入各种有益于人体健康的配料，如西洋参、枸杞子、红枣、葡萄干、金银花、冰糖、桂圆、荔枝、莲子等。选择七种与茶叶一起组成八宝茶，最佳方案是根据人体火旺、气虚、体弱、胃寒等选择相应配料，沏泡这种茶品需要较高的水温，沏泡时间较长，才能浸出更多的有效物质。如果用玻璃杯沏泡，水温容易散失、浸出物少、滋味淡。外观上由于加料杂多，大多数浮在水面上，透明观看，参差不齐、色泽花杂，显得不雅观。

用紫砂茶壶沏泡该茶，滋味浓厚，可以达到浸出各种有效物质的目的。用盖碗沏泡八宝茶在四川一带，是一种习惯。原因是水温相对较低的情况下，八宝茶耐泡，十余泡仍有味，符合四川人孵茶馆的习惯。盖碗杯比玻璃杯保温性要好一些，稍逊色于紫砂茶壶。沏泡八宝茶，用盖碗茶具略胜于紫砂茶壶的一方面，是随着杯盖的起浮，人们可以关注到多色彩的一面，增加了色彩的内容与层次。同时当人们看到人参、桂圆、荔枝等这类补品的时候，也会增强饮用这杯茶的信心。

（7）白瓷茶壶、长玻璃杯、摇酒器与袋泡红茶、冰块的组合制作泡沫红茶：选两小包优质袋泡红茶，放进白瓷茶壶内，注入适量的开水，然后提袋泡茶上下往复，使茶叶内含物快速溶出，然后注茶汤入摇酒器，放入冰块，快速摇晃往复，使热茶汤与冰块撞击产生泡沫。然后倒入长玻璃杯中，吸管穿樱桃（柠檬片）、樱桃（柠檬片）插小花伞，组成了一杯富有情调的茶饮料。这里所用的白瓷茶壶与红茶的茶汤色泽对比明显，沏茶者比较容易掌握沏泡程度，如果用紫砂茶壶沏泡，同是红色，不容易掌握。如果用玻璃杯沏泡，温度散失太快，影响内含物的浸出。在玻璃杯里摇晃袋泡茶也并不是一件很文雅的事情。

玻璃杯盛泡沫红茶，下部茶汤红艳明亮，上部泡沫焕如积雪，在高而长的造型玻璃杯中甚是醒目。如果该茶饮在茶壶内让客人饮用，则失去了泡沫红茶以色泽、造型赏心悦目的品质特征。

（8）凤凰单枞类、武夷岩茶类与白瓷小盖碗、品茗杯的组合：在广东、福建的某些地区有用盖碗杯沏泡乌龙茶的习惯，同样有叶形不雅观，容易散失水温，影响有效浸出茶叶内含物等问题，但也有易发挥香气特征及耐泡的优点。此乌龙茶是条形的与紧结型

潮汕功夫茶

乌龙茶有区别，紧结形的乌龙需紫砂壶保持壶温，以使茶叶浸泡松散开来。而松散型的武夷岩茶与广东凤凰单枞系列茶相对不必如紫砂壶那样产生闷的过程。盖碗杯比紫砂壶易散

温，降低了的水温使浸出物相对少些，可以使茶汤不感浓涩，并且能使茶更加耐泡。

（9）用山泉水和自来水沏泡西湖龙井茶的比较：其他条件相同，用杭州虎跑水与自来水对比沏泡，虎跑水的茶汤香气比较优雅清高，汤色清而明亮，滋味鲜爽回甘。而自来水泡的茶汤虽有茶香，但略为沉闷，汤色清而明亮不足，滋味略鲜爽，回味尚甘。对于久居山村里的人来说，茶味还是氯气多了。可见好茶还需要好水泡是有道理的。

四、沏泡茶叶技法

（一）沏泡绿茶技法

绿茶

名优绿茶，一般芽叶比较细嫩，形状美观，大致可分为碧螺春类、西湖龙井茶、炒青类三种，前者极细嫩，西湖龙井茶呈现一芽一、二叶初展，炒青茶芽叶比较成熟，下面介绍几种沏泡法：

1. 碧螺春杯泡法

（1）备具，备茶、备水：选洁净透明玻璃杯，选2～3克茶叶，注开水于玻璃壶备用。

（2）选上投法，注水于玻璃杯约七分满。

（3）俟水温约70℃左右，投茶于注水的玻璃杯，茶叶缓缓沉入水下。

（4）奉茶，用茶盘端茶奉给宾客，用奉茶礼的姿势，并用语言表达："请品茶"。

（5）可续添水至茶杯，品饮再三。

2. 西湖龙井茶杯泡法——玻璃杯泡法　此泡法为杭州传统冲泡法，利于展示西湖龙井茶的优美色泽与形状。

（1）准备：西湖龙井茶、提梁壶、透明敞口玻璃杯、竹制杯托、开水、茶盘、茶叶罐、茶则、茶匙、茶巾、水盂、赏茶碟。

（2）赏茶：观赏西湖龙井外形，扁平光滑，匀齐似碗钉，色泽翠绿微黄，俗称"糙米色"。

（3）温杯：用开水注入玻璃杯，起到清洁与温杯的作用。

（4）净杯、弃水至水盂。

（5）置茶：茶水比为1∶50，投2～3克茶，如投3克茶即冲入150毫升水量。

（6）浸润泡：采用回旋斟水法向杯中注入1/4开水为宜，目的使茶芽浸润吸收水分舒展。

（7）冲泡：用80℃左右水温，采用凤凰三点头技法冲水至七分满。

（8）奉茶：用茶盘端玻璃杯奉给宾客，用奉茶礼的姿势，并用语言表达："请品茶"。

（9）品茶：观色、闻香、啜饮。

（10）可续添水，品饮再三。

3. 西湖龙井茶盖碗泡法　此泡法有利于嗅闻茶香，并防止茶叶入口。

（1）备具，备茶、备水：选洁净雅致盖碗，选2～3克茶叶，注开水于玻璃壶备用。

（2）净瓯：用开水注入盖碗，清洁盖杯与盖碗，起到清洁与温杯的作用。

（3）投茶：投茶至杯中，可借助于杯温嗅闻、欣赏茶香。

（4）浸润泡：注90℃开水少许，轻缓侧转，让茶叶浸润。

（5）冲泡：用凤凰三点头技法冲80℃开水至盖碗七分满。

（6）奉茶：用茶盘端盖碗奉给宾客，用奉茶礼的姿势，并用语言表达："请品茶"。

（7）品茶：左手托盖碗，右手提盖闻香，可用盖拨开汤面茶叶，啜饮茶汤。

（8）可续添水至盖碗，品饮再三。

4. 炒青茶冲泡法

（1）备具、备茶、备水：选洁净盖碗或瓷杯，选 2～3 克茶叶，注开水于玻璃壶备用。

（2）投茶：投茶至盖碗或瓷杯中。

（3）洗茶：冲开水约浸满茶叶，快速弃水至水盂。

（4）冲泡：注细水至盖碗或瓷杯七分满。

（5）奉茶：奉茶给宾客，用奉茶礼的姿势，并用语言表达："请用茶"。

（6）可续添 70℃左右开水，品饮再三。

5. 龙井点茶法 此法展示西湖龙井茶的内质，味美香浓。

（1）备具、备茶、备水：选洁净雅致小盖碗，选 2 克极品西湖龙井茶，开水备用。

（2）净瓯：用开水注入盖碗，清洁杯盖与盖碗，弃水至水盂，起到清洁与温杯的作用。

（3）投茶：投茶至杯中。

（4）闻干香：可借助于杯温，轻轻摇动，嗅闻、欣赏茶香。

（5）浸茶：注 90℃开水少许，轻缓侧转，让茶叶浸润，迅速沥出茶汤至各品茗杯中，少许茶汤，味鲜美甘醇，香郁如兰。

（6）闻湿香：嗅闻、欣赏浓郁茶香。

（7）再注水：注 90℃ 开水少许，比第一次水略多，沥出茶汤至各品茗杯中，茶汤滋味鲜美，汤香浓郁。

（8）可续 3～4 次，品饮再三。

6. 龙井大壶泡法 此法仅适用于多人对茶汤的品质鉴赏。

（1）备具、备茶、备水：选洁净透明大玻璃壶，备西湖龙井茶，开水备用。

（2）温壶：用开水注入透明大玻璃壶，起到清洁与温壶的作用。

（3）投茶：依人数众寡投适量西湖龙井茶于大壶中，茶水比约 1：25～30 左右。

（4）冲泡：冲 90℃ 以上开水入壶。

（5）浸泡茶叶：俟茶汤色泽成黄绿明亮，汤香明显，沥出茶汤至公道杯。

（6）分茶：把公道杯中茶汤分入各宾客的品茗杯中。

（7）品茶：茶汤香气浓郁，滋味浓醇。

（8）再次冲泡：同上。

（二）沏泡乌龙茶技法

1. 传统乌龙茶沏泡

（1）备具、备茶、备水：选紫砂壶，根据人数众寡，选择适宜大、小紫砂壶，品茗杯若干，紧结型乌龙茶，开水备用。

（2）温壶：用开水注入紫砂壶，起到清洁与温壶的作用。

（3）投茶：依人数众寡投适量乌龙茶，一般紧结型乌龙茶投壶的 1/3 量，茶水比为 1：22。

（4）洗茶：冲入开水至壶满、用壶盖刮沫，倾洗茶的水至品茗杯。

（5）冲泡：用高冲低斟技法冲开水入壶，刮沫，盖壶盖。

（6）洗品茗杯：用狮子滚绣球的技法清洗品茗杯。

（7）分茶：壶中茶汤约浸泡 45 秒，用"关公巡城"、"韩信点兵"技法分茶汤入各宾客的品茗杯中。

（8）奉茶：将品茗杯置于茶托，奉茶给宾客，用奉茶礼的姿势，并用语言表达："请用茶"。

（9）品茶：用三龙护鼎手法持品茗杯，观色、闻香、品饮。

（10）再次冲泡，每泡浸泡时间延长 15 秒，品饮再三。

2. 小盖碗沏泡乌龙茶

（1）备具、备茶、备水：选白瓷小盖碗，公道杯，滤网，品茗杯若干，松散型乌龙茶，开水备用。

（2）烫盏：用开水注入小盖碗，起到清洁与温杯的作用。

（3）投茶：一般松散型乌龙茶投盖碗的 2/3 量，紧结型投 1/3 量，茶水比为 1：22。

（4）洗茶：冲入开水至杯满、用杯盖刮沫，倾洗茶的水至品茗杯。

（5）冲泡：注开水入盖碗，刮沫，盖杯盖。

（6）洗品茗杯：用狮子滚绣球的技法清洗品茗杯。

（7）分茶：盖碗中茶汤约浸泡 45 秒，茶汤注入带过滤网的公道杯中，再将公道杯中茶汤均匀分至各宾客的品茗杯中。

（8）奉茶：将品茗杯置于茶托，奉茶给宾客，用奉茶礼的姿势，并用语言表达："请用茶"。

（9）品茶：用三龙护鼎手法持品茗杯，观色、闻香、品饮。

（10）再次冲泡，每泡浸泡时间延长 15 秒，品饮再三。

3. 台式乌龙茶沏泡

（1）备具、备茶、备水：选紫砂壶、公道杯、滤网、闻香杯、品茗杯若干，紧结型乌龙茶，开水备用。

（2）温壶：用开水注入紫砂壶，起到清洁与温壶的作用。

（3）投茶：依人数众寡投适量乌龙茶，一般紧结型乌龙茶投壶的 1/3 量，茶水比为 1∶22。

（4）洗茶：冲入开水至壶满、用壶盖刮沫，倾洗茶的水至品茗杯、闻香杯。

（5）冲泡：用高冲低斟技法冲开水入壶，刮沫，盖壶盖。

（6）洗品茗杯：用狮子滚绣球的技法清洗品茗杯。

（7）洗闻香杯：用游山玩水的技法清洗闻香杯。

（8）分茶：壶中茶汤约浸泡 45 秒，用关公巡城的技法分茶汤入各闻香杯中。

（9）喜庆加冕、倒转乾坤，品茗杯倒扣于闻香杯上，翻转，置于茶托上。

（10）奉茶：奉茶给宾客，用奉茶礼的姿势，并用语言表达："请用茶"。

（11）品茶：右手持闻香杯，边旋边提起闻香杯，嗅闻茶香，用三龙护鼎手法持品茗杯，观色、品饮。

（12）再次冲泡，每泡浸泡时间延长 15 秒，第二泡起，紫砂壶中的茶汤可直接倒入有滤网的公道杯中，用公道杯为宾客续斟茶水，品饮再三。

（三）沏泡普洱茶

1. 生普洱茶沏泡

（1）备具、备茶、备水：选盖碗，公道杯，滤网，品茗杯若干，散普或生饼，开水备用。

（2）烫盏：用开水注入盖碗，起到清洁与温杯的作用。

（3）投茶：投适量生普，茶水比约1∶22，茶汤浓度可用浸泡时间长短调节。

（4）洗茶：冲入开水至杯满、用杯盖刮沫，倾洗茶的水至品茗杯。

（5）冲泡：注开水入盖碗，刮沫，盖杯盖。

（6）洗品茗杯：用狮子滚绣球的技法清洗品茗杯。

（7）分茶：盖碗中茶汤约浸泡45秒，茶汤注入带过滤网的公道杯中，再将公道杯中茶汤均匀分至各宾客的品茗杯中。

（8）奉茶：将品茗杯置于茶托，奉茶给宾客，用奉茶礼的姿势，并用语言表达："请用茶"。

（9）品茶：用三龙护鼎手法持品茗杯，观色、闻香、品饮。

（10）再次冲泡，品饮再三。

2. 熟普洱茶沏泡

普洱茶

（1）备具、备茶、备水：选盖碗，公道杯，滤网，品茗杯若干，散的熟普或熟饼，开水备用。

（2）烫盏：用开水注入盖碗，起到清洁与温杯的作用。

（3）投茶：投适量熟普，茶水比约1∶22，茶汤浓度可用浸泡时间长短调节。

（4）洗茶：冲入开水至杯满、用杯盖刮沫，倾洗茶的水至品茗杯。

（5）冲泡：注开水从杯壁入盖碗，刮沫，盖杯盖。

（6）洗品茗杯：用狮子滚绣球的技法清洗品茗杯。

（7）分茶：盖碗中茶汤约浸泡 30 秒，茶汤注入带过滤网的公道杯中，再将公道杯中茶汤均匀分至各宾客的品茗杯中。

（8）奉茶：将品茗杯置于茶托，奉茶给宾客，用奉茶礼的姿势，并用语言表达："请用茶"。

（9）品茶：用三龙护鼎手法持品茗杯，观色、闻香、品饮。

（10）再次冲泡，每泡浸泡时间延长 15 秒，品饮再三。

3. 陈年普洱茶沏泡

（1）备具、备茶、备水：选紫砂壶，公道杯，滤网，根据人数众寡，选择适宜大、小紫砂壶，品茗杯若干，陈年普洱茶，开水备用。

（2）温壶：用开水注入紫砂壶，起到清洁与温杯的作用。

（3）投茶：投适量陈年普洱，茶水比约 1：22，茶汤浓度可用浸泡时间长短调节。

（4）醒茶：冲入开水至壶满、用壶盖刮沫，倾洗茶的水至品茗杯。

（5）冲泡：注开水入紫砂壶，刮沫，盖壶盖。

（6）淋壶：用开水淋壶盖，以利高温浸茶。

（7）洗品茗杯：用狮子滚绣球的技法清洗品茗杯。

（8）分茶：紫砂壶中茶汤约浸泡 30 秒，茶汤注入带过滤网的公道杯中，再将公道杯中茶汤均匀分至各宾客的品茗杯中。

（9）凉茶：打开壶盖，防止闷坏茶叶，让老茶呼吸新鲜空气。

（10）奉茶：将品茗杯置于茶托，奉茶给宾客，用奉茶礼的姿势，并用语言表达："请用茶"。

（11）品茶：用三龙护鼎手法持品茗杯，观色、闻香、品饮。

（12）再次冲泡，每泡浸泡时间延长 15 秒，品饮再三。

（四）沏泡白茶和黄茶

1. 白茶沏泡——白毫银针沏泡　此泡法利于展示白毫银针的优美色泽与形状。

（1）备具、备茶、备水：选敞口透明玻璃杯，提梁壶，白毫银针茶，开水备用。

（2）赏茶：观赏白毫银针外形，茶芽肥壮，满披白毫。

（3）温杯：用开水注入玻璃杯，起到清洁与温杯的作用。

（4）净杯、弃水至水盂。

（5）置茶：茶水比为 1：50，投 2～3 克茶，如投 3 克茶即冲入 150 毫升水量。

（6）浸润泡：采用回旋斟水法向杯中注入 1/4 开水为宜，目的使茶芽吸收水分舒展。

（7）冲泡：用 85℃左右水温，采用凤凰三点头技法冲水至七分满。

（8）奉茶：用茶盘端茶奉给宾客，用奉茶礼的姿势，并用语言表达："请品茶"。

（9）品茶：观色、闻香、啜饮。

（10）可续添水，品饮再三。

2. 白茶沏泡——白牡丹沏泡　此泡法有利于嗅闻茶香，并防止茶叶入口。

（1）备具、备茶、备水：选洁净雅致盖碗，选 2～3 克茶叶，注开水于玻璃壶备用。

（2）烫盏：用开水注入盖碗，清洁盖杯与盖碗，起到清洁与温杯的作用。

（3）投茶：投茶至盖碗中，可借助于杯温。嗅闻、欣赏茶香。

（4）浸润泡：注 90℃ 开水少许，轻缓侧转，让茶叶浸润。

（5）冲泡：用凤凰三点头技法冲 80℃ 开水至盖碗七分满。

（6）奉茶：用茶盘端盖碗奉给宾客，用奉茶礼的姿势，并用语言表达："请品茶"。

（7）品茶：左手托盖碗，右手提盖闻香，可用盖拨开汤面茶叶，啜饮茶汤。

（8）可续添水至盖碗，品饮再三。

3. 黄茶沏泡——君山银针 此泡法利于展示君山银针的色泽与形状。

（1）备具、备茶、备水：选敞口透明玻璃杯，提梁壶，君山银针茶，开水备用。

（2）赏茶：观赏君山银针外形，茶芽秀美，色泽嫩绿微黄。

（3）温杯：用开水注入玻璃杯，起到清洁与温杯的作用。

（4）净杯：弃水至水盂。

（5）置茶：茶水比为 1：50，投 2～3 克茶，如投 3 克茶即冲入 150 毫升水量。

（6）浸润泡：采用回旋斟水法向杯中注入 1/4 开水为宜，目的使茶芽吸收水分舒展。

（7）冲泡：用 85 度左右水温，采用凤凰三点头技法冲水至七分满。

（8）奉茶：用茶盘端茶奉给宾客，用奉茶礼的姿势，并用语言表达："请品茶"。

（9）品茶：观色、闻香、啜饮。

（10）可续添水，品饮再三。

（五）沏泡陈年老茶

陈年老茶

陈年老茶一般指贮存 20 年以上，陈化品质较好的茶品，由于其性温和，适宜身体虚弱及中老年人饮用。一般以黑茶、红茶等为佳。这里以陈年茯砖老茶为例：

（1）备具、备茶、备水：选紫砂壶，公道杯，滤网，根据人数众寡，选择适宜大、中、小紫砂壶，品茗杯若干，陈年老茯砖，开水备用。

（2）温壶：用开水注入紫砂壶，起到清洁与温杯的作用。

（3）投茶：投适量陈年老茯砖，茶水比为 1∶22。

（4）醒茶：冲入开水至壶满、用壶盖刮沫，倾洗茶的水至品茗杯。

（5）冲泡：注开水入紫砂壶，刮沫，盖壶盖。

（6）洗品茗杯：用狮子滚绣球的技法清洗品茗杯。

（7）分茶：紫砂壶中茶汤约浸泡 30 秒，茶汤注入带过滤网的公道杯中，再将公道杯中茶汤均匀分至各宾客的品茗杯中。

（8）奉茶：将品茗杯置于茶托，奉茶给宾客，用奉茶礼的姿势，并用语言表达："请用茶"。

（9）品茶：用三龙护鼎手法持品茗杯，观色、闻香、品饮。

（10）再次冲泡，每泡浸泡时间延长 15 秒，品饮再三。

（11）四五泡后，可将叶底放置煮茶壶中用开水煮两分钟，茶汤注入带过滤网的公道杯中，再将公道杯中茶汤均匀分至各宾客的品茗杯中，品饮。

（12）再次注入开水煮茶，每次增加 2 分钟，煮饮再三。

（六）配合茶与调饮茶

1. 配合茶的沏泡——高级绿茶加料法（黄山贡菊、枸杞子、方糖）　茶叶中加上其他有形的配料，改善茶汤色、香、味、形表现，如茶叶中加上薄荷叶、花蕾、胖大海等冲泡饮用，这样的茶饮称之为配合茶，下面以茶叶加上菊花、枸杞子举例。

有些不善饮茶者，以小姐女士为多，嫌茶味苦、涩，不习惯于茶的清饮，习茶艺者照常规，用玻璃杯沏泡少量的高级绿茶是不妥当的，尤其是茶艺馆经营者，因为少量的茶叶在玻璃杯中沏泡后，空荡荡的，显得苍白，即使加料（贡菊、杭白菊、枸杞子），也浮在上部，整杯茶水面貌不够丰满。用陶瓷小茶壶或紫砂茶壶沏泡高级绿茶加料法以供不善饮茶者，茶的色、香、味、形无一可取。

用盖碗茶杯沏泡高级绿茶加料法，如加枸杞子，沏泡的茶汤绿叶红籽，格外引人注目，茶汤也显得丰满，清淡的茶味符合客人的要求。如再加贡菊花，更有一股菊花与茶香的逸出，使人陶醉。色、香、味、形俱佳。

2. 调饮茶沏泡——牛奶红茶　茶汤中添加牛奶、蜂蜜、白兰地等液体食品，改善茶汤色、香、味表现，如红茶茶汤中添加牛奶等冲泡饮用，这样的茶饮称之为调饮茶，下面以红茶汤中添加牛奶举例。

选优质袋泡红茶或功夫红茶，放进白瓷茶壶内，注入适量的开水，使茶叶内含物快速溶出，所用的白瓷茶壶与红茶的茶汤色泽对比明显，俟茶汤色泽红艳明亮，即倒出茶汤至带过滤网的公道杯中，将茶汤分入色彩典雅的侧把茶杯中，并往杯中添加适量牛奶。用调羹搅拌均匀。根据品饮者的需求可添加适量的方糖。

第八讲
品茶与审美

一、品茶活动环境的选择

品茶是人对世界事物亲身接触、了解的过程，也是审美情趣涵育的过程，通过茶汤色泽的鉴赏，了解什么物质形成色泽，何种色泽赏心悦目；通过嗅闻茶香，了解何种物质是香气成分，什么样的香气沁人肺腑等等。品茶人审视的是品茶环境中的一切感觉意境，因而就讲究品茶活动环境的选择，其选择只有两种，一种是室外自然环境，另一种是室内环境。在春秋时节，气温适宜，春天百花齐放或秋高气爽，均是人们春游、秋游时节，更多的人喜欢室外品尝佳茗。

以杭州为例，各著名景点均有茶室，春天柳浪闻莺、夏天曲院风荷、秋天平湖秋月、冬天灵峰探梅均有茶室。过去杭州满觉陇桂花飘香时节聚集了大批喝茶的人，在桂花树下，空气中洋溢着醉人的花香，心旷神怡。现在春天在梅家坞停满了前来喝茶休闲的客人。说明品茗环境以自然为美，特别是有应时赏景的处所为首选品茗场所。

考察明代以来的茶画，绝大部分品茗场所选择松下泉边、或碧波荡漾、或浓荫绿叶、或山水胜景之所在，场所空旷、空气清晰、能极目远眺这类地方。这就涉及品茶的必需条件"美景"。分析美景与品茶的关系，其原因是美景能使人获得休闲。一旦离开几何形体束缚的办公室、居所，脱离紧张的工作生活环境，置身于大自然，有轻松的感觉。这种休闲从身体的变化上，松弛神经，瞳孔相对大些，心跳减缓，肌肉不紧张。"仁者乐山"、"智者乐水"，有山水之美是品茶的理想环境。

品茶与喝茶不同，喝茶是为了解渴、提神、嗜好之类，为了集中注意力，为了更好的工作。而品茶需要细啜慢饮，需要有闲情逸致，因而优雅的环境，有助于培植人的雅艺精神，有助于人用细腻的感觉去探究世界事物的至理玄妙。

现在大型品茶活动安排，如"无我茶会"，往往安排于公园、广场。人数少亦可聚于山林，汲泉品茗；安排于画舫，听琴品箫；均别有情趣。

除了室外，就是室内了，面对一个空旷的几何建筑，往往是坚硬的四壁与顶、地，需要进行环境雅化与布置，首先是确定营造何种品茶氛围，有古典式、乡土式、自然环境式、西洋式、和式等，然后根据主题格调进行相宜的装饰，包括门面、分隔、顶、地、壁、门、窗通道、陈列柜等。室内品茶环境氛围的形成有多方面的因素，除了建筑装饰、茶座设计、茶汤、茶食、茶点等直接内容外，还有陈列物品、动态景观与景象、虚化景象、园林艺术思想的运用等间接内容。

室内品茶场所一般多用竹、木、石、藤、草、布、砖等质朴、自然、素雅的材料。如古典式、传统型多用木、石、砖、布；乡土式、自然式多用木、草、藤、石、布等。其二品茶讲究审视环境中的一切感觉意境美，其装饰布置与布景的内容更细腻，内涵更丰富，不但是点、线、面的布置，还是整个立体空间感觉意境的布置，不但是静态的布景，还有动态的、变化的、虚化的景观景象。它需要场所有相应的艺术、文化氛围，有休闲、品茶、赏景的气氛。需要对品茶环境进行多方面的精心构思，有些需布置成适宜文人雅士清静、优雅的场所，也有需布置成适合团体活动的场所等。

装修完成后，需配置符合氛围的茶案、座椅等休闲设施，然后配套茶具、茶叶之类品茶器物，以古典式茶馆为例，外观具有中国传统的亭、台、楼、阁、榭、廊、斋或具有飞檐青瓦等那种外观。内部陈设具古典情调，楹联字画，浮雕屏风，古色古香，桌椅选用仿古式，材料用料可以考究些，可以红木、花梨木或其他硬木，或仿红木。一般色彩为灰褐色、褐色或褐红色，墙面木构粉墙，黑白分明。这类茶馆的门、窗结构造型也多仿古的明清建筑，内部多用木构件与花窗，墙面以砖石为主体。室内往往布置一些对联、屏风、中堂的布置，也有中国传统的书、画陈列，茶具相应也多用古朴的器具。比如说仿古的木制茶盘、紫砂茶壶、盖碗茶盏等，墙上悬挂几幅书画，地面为青砖或木质地板，旁置以插花、盆景。在各种物件的对映下，使人一进茶室便有一种探古幽思的感觉。当然空调、音响、消毒柜、贮茶器亦需配置，但应尽量让这些现代化的物品处于隐蔽之处。

对茶艺师而言，要求品茶室内环境首先是物品堆放有序，然后是明窗净几，空气清新，室温宜人，这是基本要求。但上述大都是硬件，仍缺乏雅化环境的软布置。如物品陈设、光线柔和、色调和谐、绿色植物配置、景观营造及插花、焚香、弹琴、挂画等。更有用心者，可根据季节、时令布置窗帘、桌案台布、坐垫的色调，如冬季为暖色调，夏季冷色调；插花也一样，"春花婀娜多姿、夏叶青翠欲滴、秋果色彩艳丽、冬技硬骨苍劲"；在相宜的位置挂名人书画，可供人良久审视；袅袅薰香若隐若现等均是雅化环境的手段。

其他还有屏风、珠帘、布幔、灯饰等等的运用，在适宜光线的配合下，使绿色植物、水流、陈设物品、景观呈现生动的美感。最节省费用，营造氛围较佳的是相宜的音响与光线。

二、茶案（席）设计的基本要求

茶案（席）：是沏泡茶、品茶的地方。茶案是泡茶台的称呼，席地而坐称之为茶席。一般要求光线充沛，小环境雅致。茶案（席）布置依据茶会主题、茶艺表演主题等内涵进行相宜风格布置。

茶席含义从"席"字引申而来．席是指竹篾、蒲草、芦苇等编成的坐卧用具。"席"还有座位的涵义，如酒席。茶席还有茶座品茶所在的意义。

茶案设计的基本要求，首先茶席应有一定的主题思想，或称茶席的名称。指的是茶席和背景布置及服装发型须吻合主题，并应有文化艺术品味。如"踏青品茗"主题茶席，是反映人们在春天至郊外踏青，因而其茶席物品应尽可能便于携带，同时便于在郊外就座，有雅致的花伞映衬，茶席以选择多层次的绿色植物为背景，增加视觉的层次与境深。茶艺师的服饰应明快亮丽，在蓝天与青草地之间显的格外悦目；又如"上海往事"主题茶席，是反映 20 世纪 30 年代的上海滩饮茶文化，茶艺师可有烫卷发、着旗袍、穿高跟鞋，在雅致的桌案台布上，排列旧式的盖碗、锡茶罐、锡茶壶等冲泡当时流行的茉莉香片茶，背景有多幅老上海美女广告纸悬挂，侧旁置放一架老掉牙的留声机，播放 20 世纪 30 年代上海滩的靡靡之音，营造了浓郁的时代氛围，通过茶席的观赏，人们可从一个侧面感受上海历史，了解海派文化演绎进程。又如"白族三道茶"，茶席布置包括茶具、茶叶、饮茶方法、服饰、发型、音乐等均应该反映白族饮茶文化，人们通过观看，增进对民族文化的了解。其他还可以有反映唐代的饮茶文化如"陆羽茶道"；可以有反映地域文化的如"潮汕功夫茶"；可以有反映佛教文化或道教文化的，如"禅茶"；也可以有反映特定场景的，如"富春茶社的魁龙珠"、"武汉街头的凉茶"、"皖南乡村的迎客茶"。

如果茶席仅仅讲究茶具组合、插花、茶案台布的组合，仅仅讲究色彩、质地、形状的审美，缺乏深厚的文化积淀和内涵，将缺失其生动性与多样性。排列 20 余个此类茶席，大同小异，参观者将产生审美疲劳。还有的茶席仅从沏泡某一种茶着手，没有文化内涵，改进的方法应从这种茶产地的地域文化上设计，反映多方面的地域文化元素，再从茶艺师的讲解中，反映此茶的生产、加工、品质特点，让观众能感受地域文化，了解更多的自然科学知识。

作为台式茶席，茶案布置主要是三面景象，构成视觉印象，一台面、二背景、三茶案前立面。茶案几何平面艺术主要是台布的铺垫及器物摆放形式。台面首先是茶案台布的铺垫，避免碰撞声，避免水滴溅出，增加层次感，并且色彩和谐悦目。背景应反映茶席主题，以简约，显明为特点。茶案前立面以桌幔之类遮蔽不良视线，可有标志茶席主题或所在单位的相关内容。

然后是器物摆放形式，有中心式，以主泡器为中心，其他辅助器具围绕主泡器散布周围；有流线式，各类沏泡茶器具一字横向摆放；有对称式，以主泡器为中心，其他器具左右均衡布置；有高低式，茶案有高低，茶案上有器具架，器物可有 3～4 个层高；意境式，可以根据茶席主题要求，摆放等等。

茶席空间，有三个方面，茶案前部空间，如焚香、插香动作往往在前部进行，也可在前部布置景物；茶具铺垫空间，指的是以主泡器为主的茶器具的布置处；操作空间，往往是操作者所在的位置，要有适当的空间，便于操作。

若有插花或植物枝叶配置映衬茶席质地与色泽，或以山石、水景等布置，使茶席生动、平衡均可考虑，其目的是涵育人们的审美情趣，增进人文素养，培植人的雅艺精神。从总体上要求，茶席和背景布置要有文化艺术品味，可供审美。茶案（席）布置应有一定的主题思想。特别是特定的茶艺表演，其茶案布置须吻合表演主题，便于人员、物品出入方便，便于操作，便于遮饰物品准备等。

三、茶器具的组合要求

（一）典型茶器具的特点

1. 紫砂茶具的特点　紫砂茶具是由陶器发展而成的，由紫砂泥烧制。制作紫砂茶具的陶土含铁的成分高，可塑性大。用紫砂茶具泡茶的优点是贮茶不变色，泡茶不变味，不变味的原因是透气性较好。在夏天，用紫砂茶具泡茶不会走味变馊，冬日不易变冷，提握茶壶不烫手，深受嗜茶者喜爱。另一原因是紫砂器具质朴、素雅，多次使用之后，表面愈加光润，另人爱不释手。当紫砂壶与诗词、篆刻、绘画结合进一步拓展了紫砂壶的审美意境。

2. 玻璃茶具的特点　玻璃茶具在 20 世纪中后叶才被广泛应用。玻璃茶具是由质地纯净透明的玻璃制作而成，其生产原料一般由纯碱、石英砂组成。玻璃茶具的优点是它的透明度好，较适合泡外形优美的茶类。它的缺点是传热快、易烫手，冬天降温过快，茶汤易冷，质地脆容易破碎。

3. 瓷质茶具的特点　瓷质茶具的硬度与保温性介于玻璃与紫砂茶具中间，白瓷茶具"白如玉、明如镜、薄如纸、声如磬"，特别适宜冲泡红茶，白瓷茶具也可用来泡乌龙茶和绿茶。历史上的青花瓷茶具主要产于江西景德镇，青花瓷茶具色泽鲜艳、图案内容丰富、深受茶客青睐。青花瓷茶具也可沏泡花茶、八宝茶类。

（二）茶器具组合要求

1. 茶具与茶的协调　首先考虑茶具与所沏泡茶相协调，如细嫩绿茶往往配置晶莹剔透玻璃杯。冲泡绿茶不加盖，是为了保持绿茶清汤绿叶的品质特征；高香茶配置盖碗，盖碗泡茉莉花茶为佳，是由于盖碗茶具能蕴集花香。叶形不美观的茶可用壶泡。

2. 茶器具功能协调　茶器具功能协调指的是主泡器大小与辅助器具大小应相宜，各配套茶器功能应协调，如乌龙茶用紫砂壶泡，壶的容量与品茗杯容量之间的功能需协调；贮茶罐口子的大小、形式与茶匙形状、取茶方式的功能需协调等；有些不是正规茶具的辅助器也需功能协调，如"禅茶表演"中净杯，许多的小茶杯拥挤在一个圆形的水盂中冲水，不但易溅出水滴，还有零乱的感觉。又如品茗杯甚小，奉茶杯甚大，也属不配。在日本煎茶道中茶案台布铺垫大小与茶器具摆放都考虑相配合。

3. 色彩、质地、形状和谐　茶器具组合讲究色彩不宜过多，宜相近，有过渡；质地也不宜过多，一般不超过三种。茶具按质地可分为金属、紫砂、瓷器、玻璃、搪瓷、漆器、竹木等。过多有杂乱感；形状不宜过多，以"方不一式"、"圆不一相"为宜。

(三) 沏泡各类茶的茶器具组合要求

各类茶器具的组合要求有许多是共性的，如赏心悦目的美感，茶器具组合艺术要求茶器具质地、形状、色彩、大小的和谐与协调。要求器具排列放置符合节奏美、或对称美或整体造型美。选择的茶器具应便于掌握沏泡名类茶的适宜水温。选择相应的茶器具使各杯投茶量均匀。所不同是绿茶茶具组合应发挥名优绿茶的品质特征，器具应有较好的散热特性，沏泡器具的选择与组合应与名优绿茶特性相符合；乌龙茶沏泡器具的选择与组合应与乌龙茶品质特性相符合，其特殊性应充分发挥乌龙茶的品质特征，选择的茶器具应有较好的保温特性；花茶沏泡器具的选择与组合应发挥花茶的品质特征；沏泡器具的选择与组合应与花茶特性相符，主泡器以雅致的盖碗茶盏为佳，拱形杯盖利于蕴集茶香；红茶具香高，色艳和滋味浓强的特点，冲泡以选择白瓷壶杯或内为白釉的盖碗茶盏为好，有利于衬托茶汤更加红艳美观。

(四) 茶具与周围器具的艺术处理

茶具与周围器具的艺术处理，主要体现在视觉效果与艺术氛围的表达上，如把 3 只玻璃杯放在泡茶台上显得生硬而单调，而玻璃杯用细竹漆茶托作承，再用茶盘盛装，泡茶台上铺放柔软的台布，视觉会层次丰富，具材质变化韵律的节奏感与对比性。颜色也需有相适宜的对比与调和，整体上感觉协调一致，层次上有变化与对比，如以青花茶具沏泡，用嫩绿细竹垫为底，让人有神清气爽的感觉。在茶具的形式和排列上一般需考虑对称、协调，以中轴线为中心，两侧均衡摆设，茶具在整体上要有排列平衡感，较符合传统审美观念。艺术处理主要体现在对茶器具的质感、造型、色调、空间的选择与布置，增加观赏价值，丰富表演的形式。

四、服饰选择与配置

茶艺师的服饰往往需要与品茶环境或表演主题相符合，并不是根据个人爱好或时尚新潮来选择，一般服饰以传统性、地域性、民族性为主。服装应得体，衣着端庄、大方，符合审美的要求。与此相呼应的是发型与饰物，亦需与服装相配。如在传统的仿古茶艺表演中，茶艺人员穿仿古服装，插发簪，戴玉镯，有淑女温柔秀美的形象，给观众以诸多传统文化的了解与审美愉悦。

（一）具传统性的服饰配置

在传统格调的饮茶活动氛围配置传统性的服饰，与环境氛围协调。细化的话，在仿唐代的饮茶活动中，茶艺师应着仿唐代服饰；仿宋代饮茶活动，应着仿宋代服饰；在宗教性的饮茶场所中，可着居士服之类的相应服饰。

（二）具地域性的服饰配置

是指茶艺师在地域氛围的饮茶活动氛围中配置地域性的服饰，与环境氛围协调，这类服饰往往是指该地域的原居民习惯服饰。细化的话，可配置特定行业或某一生活环境的服饰。如旧式茶馆的茶博士的"行头"；也有"乡村迎客茶"可着村姑服饰；也可有"英式下午茶"着西洋的服饰等等。

（三）具民族性的服饰配置

是指在反映民族文化特色的饮茶活动氛围中配置民族性的服饰，与环境氛围协调，这类服饰直观反映民族服饰文化，营造民族饮茶氛围，是人们了解多民族文化的途径。细化的话，有白族服饰、傣族服饰、畲族服饰等等。如在反映"云南白族三道茶"的饮茶场景中，茶艺师应着云南白族的民族服饰。

（四）服饰与环境、器具色彩协调

茶艺师的服饰如果能考虑到与环境、器具色彩协调，可产生多样统一的美感，是艺术处理的又一方法。如服饰与背景协调，仿佛浑然一体；服饰与茶器具色彩协调，能产生动静结合的美感，变的生动；如服饰、茶案台布、茶巾三者质地、色彩一致，能把各种不同的元素融为一体，自然而然从视觉上产生它们均是整体中的其中一部分。

五、茶艺美学

常习茶艺能培养人们的审美情趣，"茶艺师"三个字，字字有意义，"茶"就是茶艺师要懂茶的方方面面，"师"就是为人师表，"艺"就是艺术与审美。所以，要对茶艺活动的全过程进行审美，紧紧围绕"雅化沏泡茶的感觉意境"来审视美，追求美。不但审视茶汤美、环境美，还重视形体，肢体语言，言语表达，及动态的言、听、视、动运动过程中的审美。

（一）茶艺与审美

审美和艺术对人类社会生活完善具积极作用，在对美与艺术的欣赏中，人们十分重视道德品质内容，审美、求美客体中的某些特点往往和人的道德属性具有类似的地方，可以把审美客体的特性作为人的道德属性的一种象征。由此，在审美、求美的过程中包含了思想道德的内容。人们在审美、求美过程中所得到的愉悦是由于欣赏中还包含有与内在思想道德和谐共鸣的因素。

实现审美观照需要以空明的心境观照万物的本体和生命，传统美学思想"涤除玄鉴，能无疵乎？"洗去各种主观欲念，才能进入到对万物本体和根源的观照。审美之人内心还必须保持虚静的心境，只有保持虚静，才能观照宇宙万物的变化及其本源，静心体味茶事过程中的所有细节，亦是审美观照的方式之一。

茶艺活动既有静态的艺术创造，又有动态的形体表达，是审美主体与审美客体同存的一种审美方式。

（二）茶艺审美的法则

茶艺审美的内容浩如烟海，通过对称、对比、参差、和谐、简素、自然、照应、比例、节奏、平衡、多样统一等实现气韵生动、意境深邃等。下面略加分述。

1. 节奏　体现的是自然界永恒的运动与变化，具有生命律动的美，是形象生动的表现形式之一，比如群山的起伏、音乐的节拍、动作的轻重疾徐、排列的疏与密、声音的抑扬顿挫等。如在茶艺的动作中通过轻与重、快与慢、动与静、来与往、顺与逆来表达节奏。节奏美是茶艺中的艺术表达形式之一，体现生动，富于生气与艺术感染力，表现在茶器具的排列、动作、言语声音等方面。如乌龙茶沏泡动作上的"高冲低斟"，在声音上具节奏美的体现，在形体动作上亦有节奏美感，分茶中"关公巡城"、"韩信点兵"的顺逆、往来、快慢、上下等通过反复、连续、间断体现节奏美。

2. 对称　中国古典美学法则之一，具有平衡感与稳定性的美学特性，顺着中轴线，可以衬托出中心位置，对称可以是上下对称、左右对称、前后对称，也可以是明暗对称、阴阳对称。许多饮茶活动中人的位置，茶案、茶器具的摆放都以中心线作基准、重心稳定。中心线上的人往往是主角，主要的茶器具一般放置于中心线上，如香炉、茶壶。

表演型茶道中相宜动作的对称美是一种动态的对称美，

易取得观赏美感，如双手同时净杯，双手同时高冲低斟沥泡，但相应难度较大。主泡两旁的两名助泡是双胞胎，更是对称美的范例。

3. 简素　简单而素雅是茶艺美学的显明特点，与绚丽多姿相反，色彩比较简单，往往以冷色调为主，给人一种宁静的特性。宁静能致远的环境是茶艺氛围所要求的，在饮茶活动中简素体现在没有多余的动作、没有多余的摆设，空间不杂乱，与浓艳、华丽、烦琐、冗长相反。也可从简洁、清爽、素雅、朴素方面理解。色彩、质地、形状愈少，愈具简素的美。

4. 自然　表现在人们对自然的追求，比如人们喜爱在春天踏青，秋天旅游，喜爱在松下泉边、古木参天之处品茗。沥泡茶叶希望展现青翠、碧绿的芽叶，在水中自然的舒展，从而获心灵的宁静和愉悦。在茶艺活动中，自然美体现在追求品茗环境的自然情趣，周围环境忌玻璃、大理石、不锈钢之类，而宜竹、木、草、布等自然之物。要求茶器具有更多的质朴、自然气息，不追求矫揉造作的动作等。

5. 呼应（照应）　体现一事物与其他事物的相互联系，照应体现在表演型茶道的各个方面，通过照应，把茶道活动中的各种因素有机地结合在一起，使分散的事物处于一个有机的整体之中，同时映照出此事物与彼事物的内在联系，起到协调与统一的作用。如茶事活动中插花与挂画的照应、讲解和动作的照应、茶道服饰和茶器具的照应，表演者服饰与发型的上下照应等等。

6. 和谐与对比　和谐是指把两个相接近的事物调和连接起来，和谐能够使人在变化中感到谐和，协调一致，如成套茶具与茶海、茶托、茶巾的和谐；背景与服饰的和谐；动作、器物、音乐、解说、礼仪等与主题的和谐等。

对比使人感到醒目活跃。在茶道活动中调和与对比体现在茶道活动的各个方面，调和与对比的内容有形象、色彩、声音、质地等，没有谐和显得杂而乱，没有对比显得枯燥而单调。赏心悦目的表演中色彩的对比、协调与照应有密切的关系。

从茶器具分析质地、色彩的协调比较容易理解，在茶具组合上，玻璃器皿、陶杯、瓷壶、不锈钢交混使用时，就会产生杂乱的感觉，如白瓷茶具与紫砂茶具交混使用就会产生不调和的感受。茶具因功能不同，虽然有大小，有高低，有放置位置的区别，但仍统一在茶道氛围之中，这与古典式的环境中，布置物品应有古典气息相类似。

7. 比例　事物的大小，形象，需要恰当的比例，比如说人体五官端正，有一个比例，头的大小和身体的大小也有一个比例，黄金分割法 0.618 就是一个合适形象比例。在饮茶活动中，一个娇柔的姑娘，手上提着一把大茶壶，坐着泡茶就显得人与茶壶的比例不恰当；品茗杯很小，但奉茶盘很大也是比例成问题等。

8. 反复　合理应用反复，可以增进整体的美感和节奏感，是一种反复的美感，来往、往还有冲击视觉、加深印象的节律美。茶艺活动中反复运用动作、排列等。

第九讲
培植动手操作能力

茶艺师是职业技能的一个工种，沏泡茶是锻炼人们动手操作能力的一种方式，也是人们亲自接触事物，了解事物的一个过程。茶艺活动为人们培植动手操作能力提供了丰富的内容。如煮水、沏泡茶、净具、奉茶、斟茶等，这类前面已有叙述，下面以茶艺师接待宾客为题，谈一下插花、茶案布置、茶点茶食选配及水果拼盘制作。

一、室插花

用自然植物多姿的形态，改善视觉印象，并让自然植物枝、叶、花、果呈现多种形态是人们从事锻炼动手操作能，培养审美情趣的又一途径。插花分为礼仪插花与艺术插花，礼仪插花适用于社交礼仪，喜庆会议等场合具有特定用途的插花。用以表达欢迎、敬重、致庆、慰问、哀悼，也可用以表达友情、亲情、爱情等，形态往往较为简单和固定。艺术插花主要用来供审美欣赏和美化装饰环境的一类插花。茶艺师更多的是从事茶室艺术插花。一般放置于茶席或品茶桌上，让品茗者可以赏景品茗。

插花，指将剪切下来的植物的枝、叶、花、果作为素材，经过修剪、弯曲、整枝及构思、造型、配色等艺术加工，在瓶、盘、碗、缸、筒、篮、盆等花器内营造盆景类的花卉艺术，配置成一件构图完美、具有诗情画意，和富于自然美感及生活美的艺术品。

艺术插花以"花"做为主要素材，茶室插花布置可以用花，但并不一定需要花，而以应景、切题（符合茶席主题）、自然、素雅为特点，如冬天茶室布置"冬枝"插花作品十分应景，布置水仙花亦如此；如"踏青品茗"主题茶席，以纯净无色的三角形玻璃器皿盛放青翠欲滴的青草表达春天的气息与踏青的主题。名称为"野趣"的主题茶席，插花作品仿佛是山野一角的再现。

茶案插花色泽与茶器具色泽、质地相互呼应是符合多样统一美学法则的，仿佛两者具有内在的联系。当插花、茶器具、服饰三者在色泽、质地上互相呼应的情况下，多种事物构成一个整体的感觉愈加强烈，具有整体和谐美。

二、布台

布台是茶艺馆日常工作的一部分，指的是茶桌布置。送别顾客后再清理茶桌，重新布置称为"翻台"，实际上也是布台。与布台相类似的，还有"茶话会"场所布台、小型茶会布台、茶艺表演布台。下面予以简单介绍。

（一）茶馆布台

茶桌上一般铺有茶桌台布，最好是能吻合季节的变化，冬天暖色调，夏天冷色调，茶桌台布质地与茶桌的档次相协调。然后在合适的位置放桌号牌、烟灰缸、牙签筒、纸巾、小盆景或插花等。应留有充足的空间，以便置放茶具及品茶。

（二）"茶话会"场所布台

往往人数相对较多，长条桌以围成四方形或圆形或椭圆形，以利讲话与聆听。一般铺上白色台布，四周用深绿色或墨绿色的桌幔围绕。主宾台可摆放花卉，重要活动出席人物可摆放桌牌，或重要人物座位处摆放桌牌。烟缸可根据具体情况置放或不置放。由于"茶话会"往往配置茶点、水果，因而需有果壳盆、牙签筒、纸巾配置。

（三）家庭茶会布台

如家人小聚、亲友聚会，可举办"新春品茗会"、"中秋茶会"等，一般在客厅内进行，在桌子上铺上合适的台布，摆放茶点、水果以及雅致的沏泡茶器，讲究盛放茶点器皿的雅致，水果以水果拼盘或造型艺术体现审美情趣。也可摆放应景的插花，烘托气氛，可供宾客鉴赏茶品，欣赏茶具。

（四）茶艺表演布台

根据茶艺表演主题布置相应沏泡茶台面及场景（具体见第八章品茶与审美中茶案设计）。

三、茶点茶食选配

品茗过程中搭配茶点茶食，既满足了口腹之欲，又能适当充饥。使清淡与香浓、流体与固体有机的结合，增加味蕾的味觉对比，增添品茗的情趣。茶艺师动手制作一些时令、可口、新鲜的茶点茶食也是培育动手操作能力的一种方式。

茶食是指经过精心的制作而与茶适当搭配的各类副食和点心。茶食茶点的味道在茶水的配合下，能够更全面地接触舌面与口腔，被味蕾细胞所感觉。宾客若在品茶的同时，从视觉上享受茶食茶点的形状美、色彩美，从嗅觉上感受茶点茶食的诱人香气，又能从味觉上满足味觉的刺激，会对主人的热情产生深刻的印象。

所以，茶与茶食、茶点只要搭配合理，两者可以相得益彰。在佐茶的茶点茶食上，可根据不同的茶品，不同的季节来选配茶点茶食，使品饮者感觉到茶食茶点的可口、精致、赏心悦目。

（一）根据不同的茶品选择

品饮绿茶时，由于绿茶氨基酸含量较高，滋味鲜爽，有回甘，且香气比较清雅，因此可以选择一些甜或咸的茶点茶食来衬托绿茶的品质特征；品饮红茶时，可以选择一些味酸甜的茶果；如杨梅干、葡萄干等。品饮乌龙茶时，可以选择一些味偏重的咸茶食，如瓜子一类的干炒货。

（二）根据不同季节选择

茶点茶食和时令节气要相配合，随着地域和季节的不同，茶的品质也会有所变化，人的体质也是因节气时令而有所调整，尤其是时令、新鲜有益营养吸收。因此，茶食的准备，无论是茶的内质或人的体质来说，可依节气时令的不同而有所变化。

春天万物复苏，茶食可以选配的花色多一些，如糖果、核桃酥、开心果等，品饮的心情也随之豁然开朗。夏天午后或傍晚，在树荫底下乘凉之时，听着知了、夏虫，鸣叫不已，品一杯清茶，佐以新鲜水果，富有生活情趣，水果以西瓜、菠萝、荔枝、桂圆为佳，水分要多，口味要偏甜一些，也可清尝莲蓬。秋天秋高气爽，泡一壶乌龙茶，与家人抑或两三好友，先品上几杯，再奉上糖炒栗、棱角、杏仁。冬天生一炭炉，烤火，烹一壶热茶，满桌的山核桃、开心果、杏仁等坚果，与一家人共享天伦之乐，其乐融融。

（三）茶食的精致

茶食要美观精致，外形要小巧玲珑，色彩要自然悦目，质地要酥软适口，有诱人的香气为佳，如小粽子、小蛋糕、精美虾饺、黄金糕、酥饼等。若中秋节临近，做月亮形状、小白兔形状、云彩形状糕点亦是创意。

（四）茶食与器皿

茶点茶食盛装器的选择，无论是质地、形状还是色彩，都应根据茶点茶食的需要而相适应。盛装茶食的器皿要讲究好茶配佳点。除了茶点茶食本身要小巧精致，还要有洁净、素雅、别致的盛器来衬托茶食的可口、精美。一般，干点宜用碟；湿点宜用碗；干果宜用篓；鲜果宜用盘；茶食宜用盏。另外如盛装有油泽、糖泽的干点干果时，常在盛装器中垫以白色洁净的食品纸。

四、水果拼盘制作

水果甜美可口，但给客人送上一个大西瓜，人们会觉的不雅，有"猪八戒吃西瓜"之嫌，吃一个苹果、一个梨均不方便在大庭广众之下啃皮。现代人们均追求品质生活与方便，因而水果做成拼盘愈来愈成为一种趋势。不但可按需要小量取用，方便食用、还有审美愉悦。

（一）选料

水果首先应选择新鲜与时令，然后综合考虑口感、色泽搭配、造型及外观等，选择的几种水果组合在一起，色泽搭配应悦目。

（二）构思

制作水果拼盘首先是构思，一般根据客人的众寡及何种场合使用，决定拼盘的大小、造型、档次，通过组合、造型、色彩搭配等艺术性地结合成一个整体，以造型、色彩和美观为目的，从而刺激客人的感官，增进其食欲。

（三）色彩搭配

通过艳丽的色彩激发人们食用水果的欲望，并以美的构图营造氛围。水果颜色的搭配一般有"对比色"搭配、"相近色"搭配及"多色"搭配三种。红配绿、黑配白便是对比色搭配；红、黄、橙应是相近色搭配；黑、白、红、绿、紫属于多色搭配。最简单的水果拼盘色彩组合是红、绿、黄，如黄色有哈密瓜、香蕉，红色有西瓜、小番茄，绿色有青枣、小黄瓜及西瓜皮造型等等。

(四) 器皿选择

根据选定水果的色彩和形状来确定整个水果拼盘的造型。造型需要有器皿辅助，不同的艺术造型要选择不同形状、规格的器皿。如长形的水果造型便不能选择圆盘来盛放。

至于器皿质地的选择，根据接待档次来确定。常用的果盘为玻璃制品或瓷盘，也可用水晶制品、金银制品等。

(五) 水果造型

水果造型别有情趣，如小番茄可制作成"小兔子"；西瓜皮可制作成伸展的植物枝叶；如葡萄、樱桃、荔枝、橘瓣等，取出来的果肉可用来作围边装饰；哈密瓜、西瓜的肉质厚，有一定的韧性，可加工成三角形、长方形等几何形状。形状可大可小，不同的形状进行相宜的组合拼摆，既方便食用又有艺术情趣。

五、茶艺馆经营管理

当茶艺馆选址、装修后，开始营业，作为茶艺馆的软件核心——茶艺师要发挥作用，懂得茶艺馆的经营管理方法，把此总结为"四佳"经营体系，是茶艺馆经营管理的方法之一。"四佳"经营体系就是"好茶、美点、雅景、优服"四个方面，它是经营茶艺馆的四大主干内容，缺少其中任何一项，茶艺馆就难以获得良好的社会效益和经济效益。

（一）茶艺馆要为顾客提供好的茶水饮料

提供好的茶水饮料，是茶艺馆的主打品牌，做好这一工作是一个业务体系。它有五个方面组成。其一是茶叶采购好；其二是茶叶贮藏好，保持茶叶优良品质；其三是茶水沏泡好，能充分发挥茶的色、香、味、形品质特征；其四是品类齐全、比例适当；其五是有特色茶饮，能满足不同消费者的饮用需求。

1. 茶艺馆应把好茶叶采购关 有熟悉的茶叶采购专人，能鉴别茶叶质量优劣。防止假冒伪劣、以次充好、货价不符。可货比三家。

2. 精茶贮藏宜燥又宜凉 花费高价采购的名优茶，没有适宜的贮藏条件，高价茶、名优茶就会变质成为低价茶、劣质茶，茶艺馆提供一杯好茶要重视贮藏好茶叶。应根据茶叶数量、品种不同，进行真空贮藏、冷藏等，传统锡罐贮藏茶叶也较好。一般贮茶要求：避光、低温、避湿、少氧气、无异味影响。

大型茶馆春天采购大量茶叶，冷库贮藏。

中型茶馆采购的茶叶多用石灰缸贮存。

小型茶馆采购茶叶可用锡罐贮藏。

阁楼贮茶，夏天高温易变质。

玻璃瓶贮藏茶叶透光易变质。

紧压茶不宜贮存于密闭的柜中，应贮于凉爽通风的环境。

3. 沏泡好一杯茶

（1）泡好一杯茶应该掌握娴熟的沏泡技艺。

（2）在了解所泡茶叶品质特征的基础上，进行茶、茶具、水的选配。

（3）一般应掌握老茶壶泡，嫩茶杯泡，高香茶盖碗泡。

（4）水温掌握嫩茶低温泡，老茶高温泡。水质以山泉水为佳。

（5）掌握三投法的因茶、因时使用。

（6）掌握好适宜的投茶量。

（7）掌握好适宜的茶水比例。

（8）掌握好泡茶时间。

（9）运用各种沏泡技艺，充分发挥茶的色、香、味、形品质特征。

4. 茶叶应品种齐全，比例适当　一个茶艺馆应有多种茶叶品种供顾客选择，如绿茶、乌龙茶、红茶、花茶、普洱茶、花草茶、营养健身茶等。夏天可供泡沫红茶、情调冷饮等。配备各类茶的数量比例可根据当地消费者的消费习惯而定。若品饮者需求茶类无准备，茶馆档次难以体现。

5. 能有特色茶类供应，令人品饮后留下深刻印象　可供泡沫红茶、情调冷饮、狮峰龙井茶、正宗碧螺春、陈年老茶等。

（二）为顾客提供精美、可口、多样的茶食茶点

茶艺馆应提供精美茶点、茶食，增加品茗情趣，丰富味觉感受。

（1）茶点、茶食形式美，可注重色彩组合、形状造型、排列。

（2）茶点、茶食的味觉搭配（先甜点、后茶汤的味觉感受明显）。

（3）茶点、茶食的先后次序以及中途的甜食等能从多方面满足人的口感需求。

（4）盛放器皿的雅致，包括大小适宜、色彩、质地、形状和谐。

（5）器皿能映衬茶食、茶点美，器皿提升茶点、茶食的色、香、味、形表达。

茶点一般是佐茶点心（瓜子、话梅、开心果、时令水果等），小巧玲珑，精美而量少，一般而言是一点一点的吃，更多的是提供给人味觉感受和咀嚼的感观享受。茶点的"点"具细而小的意思。茶点通常可用手拿来放进嘴里，并且少有拖泥带水，不太会沾手。其特点味感鲜明，形小量少，耐咀耐嚼，在品味而不在饱。多是些味美可口、生津开胃的小食品。如笋干丝、鱿鱼丝、各类瓜子、山核桃、茶糖果、香茶芝麻糖、茶果脯、开心果、花生、菱角、青豆、薯条、果脯、莲子、草莓、葡萄干、葡萄、樱桃、鲜菱角、鲜桂圆、花红、西瓜、青瓜等南北干货，水果糕点等。

茶食亦是佐茶食品，量相对而言比较多，比如说：小粽子、茶叶蛋、糕点等等，一般而言是一口一口地吃，能够充饥。过去并不习称"茶食"，而是为了与茶点区别才有现在的提法。它更近似于原来的"点心"。而点心往往是味道好吃的，不是一下子吃饱的食品。它的特点是准备方便，很快便能端上桌子供客。从"点心"的词义来看，具有中国传统文化中的含蓄、礼敬意义。既表达了主人热情待客的一点心意，又有先品尝一点食品，以充肚饥的意思。"吃点心"往往在两餐之间，特别是（申时）下午3～5时居多。还有一些风味小吃也可作为茶食的内容，如雪花酥、驴打滚、糖耳朵、麻花、百花酥、豆酥糖、绿豆凉糕、糖火烧等。

茶食与茶点相比较单位时间内吃的量，茶食远多于茶点，从功能上充饥功用多于品味。比较通常的如豆腐干、鹌鹑蛋、藕片、芽茶芝麻饼、南瓜饼、茶茗粥饭、小粽子、夹心糕、茶末面包、龙凤茶冻膏、茶叶云片、茶末蛋糕、薄荷糕、小蛋糕等。还有一部分是制作比较精细的。外形美观、小巧玲珑、制作考究的，如圈筒虾、金丝酥、蛋卷酥、豆皮煎、果奶卷、莲花馒头、蟹黄灌汤饺、鸡冠饺、珍珠饺、茶糖圆串、生磨马蹄糕等。它比普通点心更小巧玲珑、味美可口、制作也更为精细。许多业主或招待的主人也称呼"茶食"为"茶点"，就在于"茶点"词义比"茶食"更为雅致与具文化艺术气息。

（三）品茗环境雅致、景象优美

1. 环境艺术装饰设计　茶艺馆雅致环境是品茶客的必然需求。除了老年茶室、低档次的茶馆，如今的茶艺馆都讲究环境的雅致，设计布置别具一格的品茗环境，满足品茗者对环境的需求。

环境雅致、景象优美包括茶艺馆外观设计与布置、建筑和内部装饰风格、茶馆的分隔布置、茶座设计与布置、物品陈列、花草树木在茶艺馆的运用等。

2. 茶楼氛围与格调　茶馆内的布局依据茶馆的大小规模及类型而定，小型茶馆与大型茶馆其功能设施的内容是相同的，但是茶座的数量、装饰的类型、分隔的多少、雅室与大厅的区分、各有不同，一般茶馆需要考虑茶座、雅室、备茶间、收银台（茶吧台）安排通道、走廊、与洗手间。如果是自助式茶点、茶食的茶馆还需安排茶点、茶食台，有条件的茶馆可以设置演艺台。从空间总体功能上布局分为品茶场所、通道所处、景点布置场所、后勤服务场地。

外观是人们对事物的最初印象，绝大多数人是通过外观感知茶艺馆，那些独特的外貌景观，布置雅致的氛围让人产生一种试一试的心态，产生走进茶馆的愿望，传达这种内涵的媒介是茶以及设计者构思设计的相关事与物。从茶馆外观上能大致反映内在的相关内容，茶馆经营好坏与外观设计的关联度相当密切。

茶座的设计布置需要考虑多个因素，如环境协调；坐着感觉舒服、坐久了仍然感觉舒适；进出方便、活动自由；有适应各种人对清雅、热闹、观景等不同需求的相应布置。人们看到这茶座会有欲望产生享受一下的感觉。而这些条件的满足与茶馆硬件设施呈正相关。也与茶馆业主的主观能动密切相关。

3. 陈列物品 物品陈列是形成茶艺馆清静优雅的环境、具有文化艺术氛围的重要手段。不同大小、不同类型、不同档次的茶馆可依据各自的特点、类型布置适宜的陈列，有简有繁、或多或少。陈列方式可有封闭式的橱窗、柜台陈列；也有开放式的花架、阶梯、台面、博古架陈列；或可触摸式的实物陈列；也有陈列与实用相结合的。陈列位置可在室外、外观橱窗、内部在壁面、柱旁、分隔、走廊两旁、窗台、茶几、茶桌等地。

4. 色彩和谐、光线明暗适当 宾客入座处，光线不宜明亮，以柔和、蒙胧为佳，景观处、通道高低、拐弯处须明亮醒目，整个空间在光线的营造下，色彩和谐。

5. 景观营造与花草树木的配置 茶艺馆的环境营造，须有观景所在，应与主体格调相符合，垛山叠石、小桥流水、浓荫绿叶、瀑布飞溅等均是景观的内容。

花草树木如美女的秀发，好花需映好楼台。茶艺馆楼台虽好、若花木荡然、恰如美人无发。可以在茶馆内外、门厅走廊、茶馆庭院布置高林巨树、浓绿深荫、奇葩佳木、青藤缠绕、隔日蔽尘；或竹木花草小品、竹影兰香、疏技花影；或在窗台、转角、茶几、花架、空中布置花卉盆景，如松竹梅兰，文竹、芭蕉、冬青、青藤。四季花卉如菊花、吊兰、桂花、月季、玫瑰、荷花、水仙、山茶花、杜鹃等。高档次的场合还可布置插花艺术作品。绿化配植注重常青类植树的营造。创造四季常青、三季有花、鸟语花香的茶园景观。丰富茶馆形、质、色、香、声、气、光、影的景观内涵，营造更加贴近的人与自然的和谐环境。

（四）提供优质服务和超值服务

茶馆消费价格是由众多休闲享受因素共同组成的：茶座享受、视觉享受、品味享受、服务享受、舒服与舒适享受、听觉与嗅觉享受。

茶艺师应微笑服务（人无笑脸别开店），任何时候保持微笑和愉悦的表情。应提供主动、耐心、细致、周到、热情的服务。心窍玲珑。言语悦耳动听，脸部表情亲切热情，仪表、仪容、仪态应端庄、亲切。

优质服务和超值服务是茶艺馆经营服务的重要内容。营造茶馆与茶客的亲和力，茶馆环境符合茶客心理需求，能使

茶艺摆台、茶水服务员实操

人们感觉放松、随意、松弛舒适。迎合茶客松弛神经、自在休闲的心境。使人感觉物有所值，得到了环境享受、品茗享受、茶点茶食的享受、优雅的服务享受，文化艺术的享受，消费心理的满足与价值相符。超值服务指茶艺馆提供的有形商品与无形商品超出消费者的心理预期。

第十讲
茶艺师语言表达能力培养

　　语言是进行交流、合作、参与的思想载体。在实际工作中，茶艺师语言表达能力培养突显出其重要性，当茶艺师接待顾客或嘉宾时，默默地沏泡茶，没有语言表达，场面十分尴尬，就会冷场，形不成品茶交流的氛围。顾客要么尽快走人，离开这尴尬的场所；要么顾客主导发言，茶艺师被动应答，交流的内容往往会庸俗化。无论是茶馆服务、茶叶买卖、或办公接待、或亲友品茗小聚，茶艺师应该有出色的口头表达能力，发音准确、语言清晰、声调自然、亲切随和，通过语言表达加强人与人之间的相互了解和友谊，进而促进茶艺文化的传播。

一、怎样培养茶艺师的语言表达能力

　　培养茶艺师语言表达能力的途径是多方面的，如良好的阅读习惯，健康的社交心理、多种场合的讲话，倾听他人的谈吐等。下面简单予以介绍。

（一）良好的阅读习惯

　　阅读可以丰富词汇和多方面的知识量，可以说阅读是掌握语言的基础，阅是看，读是朗朗上口，在语言表达能力的培养上，读胜于阅。古语"熟读唐诗三百首，不会做诗也会吟"，指的就是多读就会讲。

（二）健康的社交心理

作为社会人，在社会生活中要与多方面的人进行沟通交流。许多人不善于讲话，主要是其心理因素，怕说错、怕说不完整、怕说不好，怕被人嘲讽，产生胆怯。因而要增强自信心、大胆表达、不怕说错，潜移默化中提高语言表达能力。

（三）多种场合的讲话

多种场合下讲话，积极参加各种能增强口头表达能力的活动，如参与信息咨询、街头宣传、演讲会、辩论会、讨论会、文艺晚会等活动。直至能在街头对着人群大声嚷嚷推销产品的人，是讲话能力的突破。茶艺师显然认为这类活动不够文雅，但参与街头宣传，或从事茶文化讲解亦可达此目的。

（四）善于倾听

倾听他人的讲话，从中感受富有魅力的演讲、言谈，学习他人语言怎样准确表达，吐字清楚，节奏分明，怎样有轻重缓急、抑扬顿挫、娓娓动听等；从中感受思维敏捷、知识渊博与讲解的关系。有些善于讲演者，能让观众目不转睛，声音富有磁力，令人印象深刻。通过善于倾听他人的讲话，不断提高语言表达能力。

耐心地听他人讲话，把别人的话听清、听准，才能避免文不对题的应答。善于倾听他人的讲话是尊敬他人，也是个人修养的体现。

二、沏泡茶配合解说

茶艺师独特的沏泡茶配合解说，是培养语言表达能力的又一途径，一方面它是茶艺文化的传播，一方面是不断丰富文化素养的方法。其解说包括，沏泡茶程式介绍，所沏茶及其品质、水的相关知识、茶具相关知识、饮茶与人体健康知识介绍等。下面举两个例子予以介绍：

（一）冲泡西湖龙井茶配合解说

1. 介绍　先生、女士，你们好！今天，我们用杭州双绝"龙井茶、虎跑泉"来招待各位。西湖龙井茶自明代产生以来深受茶客青睐，被誉为国内名茶之首，有绿茶皇后的美誉。它以其色绿、香郁、味甘、形美四绝而著称于世。西湖龙井茶的沏泡注重选择好茶、选择名泉，及配置优质的玻璃茶具进行冲泡。

2. 赏茶　首先，请来宾们欣赏西湖龙井干茶：其外形扁平光滑，挺直似雀舌，色泽翠绿微黄，俗称"糙米色"。

3. 赏水　"水为茶之母"，好茶需用好水泡，陆羽《茶经》："山水上、江水中、井水下"，龙井茶选用龙井泉水或虎跑泉水冲泡。

4. 鉴具　"器为茶之父"，冲泡龙井茶选用的茶具是无色透明、晶莹剔透的玻璃杯，我们可以观赏芽叶在杯中沉浮起落的优美姿态。

5. 净杯　先用开水净杯，洁净茶具的同时，还起到了温杯的作用。

6. 投茶　投茶应避免直接用手，而以茶匙辅之。名优绿茶诸如西湖龙井茶的茶水比应为 1∶50，根据杯子的容量，往杯中投入 2.5～3 克左右的茶。

7. 冲泡　冲泡 150 毫升的水，往往以七分满为佳。由于龙井茶的芽叶细嫩，泡茶用水的温度不宜过高，一般掌握在 80℃左右。投茶之后，以两次沏泡法进行冲泡。首先往杯中斟入适量的水，让芽叶充分吸收水分而舒展开来，称之为"浸润泡"。稍后进行第二次冲泡,采取"凤凰三点头"的手法,犹如三鞠躬,表达了对各位来宾的深深敬意。

8. 奉茶 中国历来有"浅茶满酒"的讲究,为您奉上的这杯西湖龙井正是"七分茶水三分敬意",请用茶。

9. 品茶 杯中清汤绿叶,春意盎然,一旗一枪,亭亭玉立,如游鱼上下浮动,栩栩如生。茶香四溢,沁人心脾。敬请各位观其色、闻其香、品其味。一饮甘醇,再饮鲜爽,饮后,颊齿留芳,回味悠长,似饮甘露,神清气爽。

10. 品尝茶点 我们准备了各式江南茶点,请各位来宾品尝,以助雅兴。

(二) 台式乌龙茶二十八式

1. 恭请上座(行礼)——茶师以手势礼请宾客入座,以示尊敬。

2. 活火煮泉(煮水)——活水还须活火煎,清泉好水,活火煮至初沸为宜。

3. 佳叶共赏(赏茶)—— 置茶于赏茶碟请客人欣赏,并对干茶特点进行介绍。如:今天我们为诸位选用的是产自福建安溪的上等铁观音,其色泽沙绿油润,外形紧结壮实,谓之美如观音重如铁。其品质高雅,独具风韵。

4. 孟臣净心(烫壶)——孟臣乃明代制壶名家,开水温壶,涤除冷湿,使之有利茶品质的发挥。

5. 高山流水(倾水)—— 倾水入茶海。取古人钟子期、俞伯牙高山流水之佳话。

6. 乌龙入宫(置茶)—— 取茶入壶 1/3 满。将壶喻为宫殿,以示茶之珍贵、壶之高雅。

7. 芳草回春(润茶)—— 初沸之水注入壶中,使茶叶舒展开来,春回大地,尽现勃勃生机。

8. 荷塘飘香（洗茶）——将壶中茶水倒入公道杯内，经水浸润茶香四溢。

9. 悬壶高冲（沏茶）——执壶冲水，由低向高拉起，收放自如，壶满将溢，茶沫浮起。

10. 春风拂面（刮沫）——用壶盖轻轻刮去茶沫。

11. 涤尽凡尘（淋壶）——用沸水淋烫壶的外身一圈。

12. 内外养身（养壶）——干茶巾包盖茶壶，养生之道在于修身养性，保养壶具亦须内外兼修。此式宜在冬天室温低时用。

13. 玉杯展翅（翻杯）——将闻香杯、品茗杯翻为正面。

14. 分承香露（温杯）——公道杯中茶水均匀分入闻香杯和品茗杯中。

15. 游山玩水（洗闻香杯）——双手取闻香杯倒扣入品茗杯中由内向外转动清洗。

16. 狮子滚绣球（洗杯）——滚动清洗品茗杯。喻示吉祥送福。

17. 关公巡城（分茶）——自左至右将壶中茶水循环注入闻香杯中，使之茶汤浓度均匀。

18. 韩信点兵（匀茶）——将壶中最后几滴点入闻香杯中，调节各杯之间的浓度均匀。

19. 喜庆加冕（盖杯）——将品茗杯盖于闻香杯上。

20. 倒转乾坤（转杯）——右手拇指按品茗杯，食指和拇指扶闻香杯，移至胸前将杯组同时起落翻转过来，放于茶托。

21. 敬奉香茗（奉茶）——用茶盘端茶施礼敬献宾客。

以下 22～26 式示意宾客共同赏茶品茶：

22. 斗转星移（移杯）——左手端品茗杯，右手执闻香杯转动同时提起，分开两杯。

23. 喜闻幽香（闻香）——将闻香杯双手转动，细细嗅闻优雅茶香。

24. 三龙护鼎（端杯）——拇指、食指端起杯身，中指托扶杯底。三指喻三条龙，品茗杯尊为鼎，以示对茶及宾客的尊重。

25. 鉴赏汤色（观色）——铁观音金黄清澈的汤色令人赏心悦目，为上佳品质的体现。

26. 一品鲜爽（品茶）——初泡铁观音茶味醇甘爽。

27. 再冲芳华（二沏）——第二次沏茶，味更纯正。

28. 自有公道（二品）——将壶中茶水倒入公道杯内均匀茶汤，用公道杯为客人分茶，以示人人平等享受茶汤。

三、讲解茶树栽培环境与各类茶品

茶艺师要了解多种茶叶的品质特征，并予以讲解，以此让顾客多方面了解该茶叶的产地、栽培环境、制作工艺、贮茶方法、沏泡方法、品饮方法、特定茶类与健康相关知识。茶树品质优良与栽培环境有密切关系有共性，下面予以介绍，制作工艺各不相同，本篇省略。

（一）茶树栽培的优良环境

茶树长于高山之上，是大自然赋予人类的健康饮料，被誉之为"凝日月之精华、聚山川之秀气"的神奇饮料。优良环境的元素大致上有以下几方面：

1. 植被丰富 茶树长于山上的酸性红黄壤，片片茶园隐藏在山坡边、岩壑上，茶园与高山云雾为伍，人们常说："高山云雾出好茶"。就指这类得天独厚的优越环境。山峦重叠，林木葱郁，山势奇秀，云雾缭绕，山坡上，树丛下有着厚厚的落叶枯枝，这是非常好的植物生长营养品，腐烂后就是植物学上称之为"腐殖质"的肥料，是茶树的天然营养来源。它们还成为菌落、昆虫、蚯蚓的食物。而蚯蚓能松土，带给土壤一定的透气性，为茶树根系生长创造了有利条件，为茶树孕育优良品质提供了极好的生长条件。

2. 优良的生物链形成　植被丰富能不断提供有机营养给植茶的土壤，落叶枯枝等与风化的岩石混合，腐化过程中产生的酸性物质加速碎裂石屑，使之成为粉末，落叶枯枝的腐化物与它们共同成为土壤的一部分，从而增加了土壤的层厚和肥力。而土层的不断增高对于茶树生长来说是极其有利的，可使茶树根茎部以上主干萌发新的根系，促使茶树根茎部的物质交换顺畅进行，从而使茶树长势旺盛。由于长年累月的有机质积累，茶园土壤肥沃，野草长得特别茂盛，野草腐烂，又为一些小昆虫提供了丰盛的食物，小昆虫的大量繁殖，雨水冲刷进小溪，则为小虾、小鱼、石蟹、螺蛳的生长提供了条件，也吸引了许多鸟类前来觅食。许多鸟类在千岛湖周围水域觅食，地上、树枝到处都是鸟粪，行人路过有时还有鸟粪落在身上。大量鸟粪可增加茶园土壤的磷肥含量，从而有利于茶树生长过程中对各营养成分的需求。昆虫、鸟类粪便又成为茶树的有机肥料，优良的生物链由此而形成了。

3. 充沛的空气湿度　清晨山上，经常有好似薄纱的晨雾笼罩在茶园上空，茶树叶子上还缀着晶莹的露珠，嫩黄的芽叶沐浴在晨雾中，犹如幼雀在张嘴等待母亲细心的喂养。正是由于山上凝集的水汽，在茶园上空形成的雾，它是极细微的水滴，阻挡了波长较长的红外线，使直射光成了漫射光，使芽叶持嫩性较佳，有利于茶树含氮物质的积累，所以所产绿茶品质上乘。优良的茶树栽种环境，无论春夏秋冬，空气中夹带着充沛的水汽，平添许多湿度，茶树喜湿润的生物学特性得到满足，十分有利于茶树的新陈代谢和生长。同时，湿润的小气候环境也能保持茶新梢的持嫩性，芽叶嫩，绿茶品质自然好。

4. 土壤质地　茶园土壤大都是红黄壤，有的色泽红些，有的黄些，许多土壤夹杂砾石。陆羽《茶经》记载："上者生烂石，中者生砾壤、下者生黄土"这是有道理的。山上土壤多由岩石风化而来，含有较多的钾元素，它是茶树生长的必须元素，十分有利于茶树的生长。同时，碎石夹杂的土壤透气性好，根系扎得深，也十分有利于茶树根系的生长。平地黄泥土茶园中的茶树，土壤透气性差，茶树根系扎得不够深，致使根系活动氧气供应不充分，茶树长势相对就较弱。这也是"高山出好茶"的道理之一。

（二）国内主要茶品介绍

下面简要介绍国内主要茶品的相关知识，在熟悉这些茶品之后，不断深入对这些茶品的接触、了解，从而丰富茶艺师的茶相关知识的内涵。

1. 西湖龙井　绿茶，西湖龙井以"色翠、香郁、味甘、形美"四绝著称。据说乾隆皇帝下江南，曾到狮峰山下胡公庙品饮龙井茶，饮后赞不绝口，并将庙前十八棵茶树封为御茶。其色绿中显黄，呈糙米色，香郁味醇。龙井茶形似碗钉，扁平挺秀，光滑匀齐，翠绿略黄，香馥若兰，清高持久；泡在杯中，嫩匀成朵，一旗一枪，交错相映，嫩芽直立，栩栩如生，汤清明亮，滋味甘鲜。龙井茶产地分布在西湖四周的秀山俊峰，故名西湖龙井茶。因产地不同，炒制技术略有差异，产品也各显特色，历史上有"狮"、"龙"、"云"、"虎"四个品类之别，其中以狮峰龙井最佳。自古名茶伴名泉，"龙井茶，虎跑水"，素称杭州双绝。

2. 碧螺春　绿茶，碧螺春茶以芽嫩、工细而著称。该茶外形条索纤细，卷曲似螺，茸毫密披，银绿隐翠。汤色清澈明亮，浓郁甘醇，鲜爽生津，回味绵长。叶底嫩绿显翠。碧螺春产于江苏吴县太湖洞庭东西两山。产地紧靠万顷碧波的太湖，烟波浩渺，水天一色，环境得天独厚，茶园傍山依水，云雾弥漫，茶林果园，相互交融。

3. 信阳毛尖　绿茶，产于河南信阳，称为信阳毛尖，以原料细嫩、制工精巧、形美、香高、味甘而闻名。外形细直圆光而多毫；内质香气清高，汤色明净，滋味醇厚，叶底嫩绿；饮后回甘生津，冲泡四五次，尚保持有长久的熟栗子香。

4. 黄山毛峰　绿茶，黄山毛峰是我国近代出现的名优茶，产于安徽省的黄山风景区，以松谷庵、吊桥庵、云谷寺、桃花峰等处所产为好。其秀无比的黄山，林木丛生，云海雾天，气候温和雨量充沛，产地茶芽硕壮，采摘细嫩，品质优异。黄山毛峰品质特征为：芽叶肥壮，匀齐，白毫多而显露，色泽嫩绿，香高味醇，茶汤清澈明亮。

5. 祁门红茶　功夫红茶，是我国传统功夫红茶的珍品，主产于安徽省祁门县，祁门功夫以外形苗秀，色泽乌黑泛灰光，俗称"宝光"，内质香气浓郁高长，似蜜糖香，习称祁红的香气为"祁门香"，汤色红艳，滋味醇厚，回味隽永，叶底嫩软红亮。

6. 陈年老茶　本茶品为天然茶叶，在通风凉爽的贮存环境经二十年以上贮存，经多年自然陈化与微生物活动，陈香明显；汤色红艳、透亮；口感柔和、轻浮、顺滑、回甘生津；性温，具有极强的解油腻、消食等功能；能促进新陈代谢，增强免疫功能。在多方面有益人体健康，增强人体生气与活力。适宜中、老年人饮用。

7. 竹叶青　绿茶，竹叶青产于山势雄伟、风景秀丽的四川峨眉山，用于制作竹叶青茶的鲜叶采摘细嫩，加工工艺十分精细，其品质特点是：茶叶扁直平滑，条索紧直，形似竹叶，白毫隐露，香气清幽，滋味鲜爽，汤色翠绿，叶底嫩匀。

8. 安吉白茶　绿茶，安吉白茶特色明显，其春芽幼嫩，芽叶呈白色，以一芽二叶初展时为最白，夏秋茶叶呈绿色。安吉白茶外形细秀，形如凤羽，色如玉霜，光亮油润。冲泡后，内质香气鲜爽馥郁，滋味鲜爽甘醇，汤色鹅黄，清澈明亮，叶张玉白，茎脉翠绿。

9. 铁观音　乌龙茶，铁观音茶产于福建安溪。制作工艺严谨，技艺精巧。优质的铁观音条索卷曲、壮实、沉重，呈青蒂绿腹蜻蜓头状。色泽鲜润，砂绿，其香气如空谷幽兰，清高隽永，汤色黄亮清澈，滋味醇厚。

10. 武夷岩茶　乌龙茶，武夷山素有"奇秀甲天下"之美誉，自古以来就是旅游胜地。更有"武夷仙茶自古栽"之说。茶树生长在岩缝之中。武夷岩茶具有绿茶之清香，红茶之甘醇，著名的品种有大红袍、铁罗汉、水金龟、白鸡冠等。武夷岩茶属半发酵的青茶，制作方法介于绿茶与红茶之间。武夷岩茶条形壮结、匀整，色泽绿褐鲜润，冲泡后茶汤呈深橙黄色，清澈艳丽，叶底软亮。

11. 凤凰单丛　乌龙茶，凤凰单丛产于广东省潮州东北部的凤凰山。其产地属于亚热带海洋气候，雨量充足，林木繁茂。凤凰单丛系采用水仙群体种经选育繁殖的单丛茶树鲜叶制作而成。该茶外形条索粗壮，色泽黄褐，油润有光；冲泡后有浓郁的天然花香，清香持久，滋味浓醇鲜爽，具独特的韵味，汤色清澈黄亮。

12. 冻顶乌龙　乌龙茶，产于台湾南投县鹿谷乡的冻顶山而得名，其品质特点为：外形条索紧结弯曲呈半球状，色泽墨绿鲜艳，干茶具有浓郁的芳香，冲泡后清香明显；汤色金黄明亮，滋味醇厚甘滑，饮后唇齿留香，回味无穷。

13. 滇红　功夫红茶，产于云南，外形肥硕紧实，干茶色泽乌润，金毫明显，内质汤色红艳明亮，香气鲜郁高长，滋味浓厚鲜爽。

14. 太平猴魁　太平猴魁产于黄山北麓的太平区，由于产地低温多湿，土质肥沃，云雾笼罩，故而茶质别具一格，太平猴魁的品质特征：其成品茶挺直，两端略尖，扁平匀整，肥厚壮实，色泽苍绿，叶主脉呈猪肝色，宛如橄榄；入杯冲泡，芽叶徐徐展开，舒放成朵，两叶抱一芽，或悬或沉；茶汤清绿，香气高爽，蕴有诱人的兰香，味醇爽口。

15. 君山银针　黄茶，产于湖南岳阳君山，李白有诗赞"淡扫明湖开玉镜，丹青画出是君山"。"君山银针"，采摘细嫩芽茶，其品质特征为：芽头苗壮，挺直匀齐，芽身金黄茸毛密盖。冲后汤色浅黄，香气清鲜，滋味甜爽。

16. 白毫银针　白茶，产于福建福鼎、政和两县，芽头肥壮，满被白毫，挺直如针，色白似银，汤色浅杏黄，香气清鲜，滋味醇和。

17. 普洱茶　黑茶，普洱是云南省南部的一个县名，原不产茶，但它是滇南的重要贸易集镇和茶叶市场，澜沧江沿岸各县，包括古代普洱府所管辖的西双版纳所产的茶叶，都集中于普洱加工，运销出口，故以普洱茶为名。普洱茶是用优良的云南大叶种茶树品种，采摘其鲜叶，经杀青后揉捻晒干的晒青茶（滇青）为原料，经过堆积发酵的特殊工艺加工制成。具有降血脂、减肥、抑菌、助消化、醒酒等多种功效。

18. 六安瓜片 产地为安徽省的六安、金寨和霍山三县，以金寨县齐云山所产之茶质量最高，故又称"齐云瓜片"。而之所以称"六安瓜片"，主要是因为金寨和霍山两县旧时同属六安州。这个地区位于皖西大别山区，山高林密，云雾弥漫，空气湿度大，年降雨量充足，具备了良好的产茶自然环境。六安瓜片每年春季采摘，成茶成瓜子形，因而得名，色翠绿，香清高，味甘鲜，耐冲泡。片茶指全由叶片制成的不带嫩芽和嫩茎的茶叶品种。

19. 空山新雨 特色茶，由杭州××××××××苑研制，此茶特点是："绿色、生态、自然、健康"，保持茶叶的营养物质全面，冲泡后叶底翠绿，栀子花香显露，色泽似满山青翠，香气清新自然，似雨后空山清新气息。

20. 蒙顶甘露 绿茶，"扬子江中水，蒙顶山上茶。"蒙顶茶，产于四川邛崃山脉之中的蒙山，位于成都平原西部，地跨名山、雅安两县。蒙顶茶采摘细嫩，制工精湛。其品质特点：紧卷多毫，浅绿油润，叶嫩芽壮，芽叶纯整，汤黄微碧，清澈明亮，香馨高爽，味醇甘鲜爽。

四、茶馆中文常用接待用语练习

（一）欢迎语

● 欢迎您光临××××××××苑。

● 欢迎您来这里品茗。

- 祝您在这里过得愉快。

（二）问候语

- 您好！
- 早上好！
- 下午好！
- 晚上好！
- 多日不见，您好吗？

（三）祝贺语

- 祝您节日快乐！
- 圣诞快乐！
- 新年快乐！
- 祝您生日快乐！
- 祝您生意兴隆！

（四）告别语

- 再见！
- 晚安！
- 明天再见！
- 祝您旅途愉快！
- 一路平安！
- 欢迎您再来！

（五）征询语

- 我能为您做些什么？
- 需要我帮您做些什么吗？
- 您还有别的事情吗？
- 这会打扰您吗？
- 您还有别的事吗？
- 您需要换茶吗？

●如果您不介意的话，我可以为你做些什么吗？

●请您讲慢点。

（六）应答语

●不必客气。

●这是我应该做的。

●我明白了。

●非常感谢。

●谢谢您的好意。

（七）道歉语

●实在对不起。

●请原谅。

●打扰您了。

●完全是我们的错，对不起

●感谢您的提醒。

●我们立即采取措施，尽量使您满意。

●请不要介意。

（八）婉言推脱语

●很遗憾，不能帮您的忙。

●很抱歉，我还有点事情要处理。

（九）茶馆服务用语

●早上好，先生，请问您一共几位？

●请往这边走。

●请坐。

●请稍等，我马上给您安排。

●请先看看茶单。

●您喜欢坐这里吗？

●对不起，您跟那位先生（小姐）合用一张台好吗？

●对不起，现在可以点茶了吗?

●您喜欢吃什么?

●请问还需要什么吗?

●对不起，让您久等了。

●这是您的茶吗?

●您的茶点够吗?

●我可以撤掉这个盘子吗?

●谢谢您的帮忙。

●现在可以为您结账吗?

●对不起，我们这不可以签单，请付现款好吗?

五、茶馆英文常用接待用语练习

(一) 接待服务中英语的礼貌用语

Welcome to our teahouse! 您好，请进!

Is there anything I can do for you? Can/Could/May I help you? 有什么事我可以为您效劳吗? 我能帮助您吗? "我能为您效劳吗?"

This way, please. 请这边走。

Follow me, please. 请跟我来。

Glad/Nice to meet you. 见到您很高兴。

Thank you. That's very kind of you. 谢谢. 您真是太好了。

Thank you very much for your kindness. 非常感谢您的好意。

I'm sorry to have kept you waiting. 很抱歉让您久等了。

Hello, Madam. 您好，女士。

Take care! Welcome to our teahouse again! 您慢走，欢

迎再次光临!

(二)接待服务中英语征询客人意见的用语

Would you please…? 您 ……好吗?

Would you show me your V. I. P Card? 请出示您的贵宾卡,好吗?

Would you please be so kind as to not smoke here? / Would you mind not smoking here? 请您别在这里吸烟好吗?

May I have your telephone number please? 请问您的电话号码?

Would you mind sitting down here? 请坐这边好吗?

Do you have a reservation,sir? 请问您有预订吗?

How many,sir? 请问先生有几位?

Would you please leave your umbrella out of the door? 请您将雨伞放在门外好吗?

Would you mind waiting for a while? 请您稍等一下好吗?

Excuse me, may I make tea for you now? 请问,现在可以泡茶了吗?

(三)接待服务中点茶结账的常用句型

This is the menu, please! 请看茶单!

What kind of tea would you like? 请问您喜欢喝哪种茶?

Would you like black tea? 请问您要红茶吗?

Would you like anything more? 请问您还需要点什么?

This is the bill, please. 这是账单,请过目。

I'm sorry, sir. We don't accept dollars. 我们不收美金。

I'm sorry, we don't accept Credit Card. 我们不收信用卡。

Sorry sir, we only accept cash."我们只收现金。

Sorry sir, we only accept cash. 很抱歉，我们只收现金。

Would you please sign your name here? 请您在这签字好吗?

(四) 电话接待用语

Who's calling, please? 请问您是哪位?

I'm sorry, there is no one by that name here. 很抱歉，这里没有这个人。

I'm afraid you have the wrong number. 对不起，您打错电话了。

Please hold the line a moment. 请稍等别挂电话。

第十一讲
从事茶艺表演

　　从沏泡一杯好的茶汤为主要内容的茶艺，进而发展到以欣赏为主要内容的茶艺表演，已从物质享受上升到了精神文化享受。由于茶艺过程中的求美、审美要求，使茶艺成为一种可以观赏的活动，进而发展成为茶艺表演。茶艺表演是茶艺师展示与宣传茶艺技巧、方法和品饮艺术的一种方式，也是观者了解、学习茶艺的一种渠道，更是人们了解民俗文化、传统文化、审美情趣的一种途径。茶艺表演又是一种综合的艺术创造活动，表演过程中的每一瞬间，动作、音乐、器具、整体环境的和谐与协调无不体现着创作者、设计者、表演者的综合文化素养与艺术造诣。动作的往复、节奏、韵律，表演者的形态、姿势、肢体语言，茶案设计、环境布置等具有观赏美。能从多方面涵育人们的审美情趣，多种茶艺表演满足了人们群众多层次的精神文化需求。

一、茶艺表演的基本要求

　　唐代封演《封氏闻见记》记载了常伯熊茶艺表演的范例，令观众刮目相看。分析其中内容，可知茶艺表演的基本要求有下列几个方面，表演者的形象、动作、服饰、器具、语言表达等。

（一）表演者的形象

表演者形象应端庄、大方。男性以神采标映、或丰神俊秀、或风度翩翩、或文质彬彬为佳；女性以亮丽典雅、亭亭玉立、楚楚动人、柔美可人、清纯质朴、清新脱俗为佳。最基本的要求是比较入眼，耐看。

（二）茶艺表演动作具有美感

茶艺表演中的动作有多种，应规范，指法细腻、娴熟流畅、优雅大气。具有节奏美或韵律美。经常的练习，并在过程中审美，熟能生巧，是动作具有美感的必然途径。

（三）表演服饰与发型

表演者穿表演服是形成表演氛围的基本要求，表演者能进入表演的角色，观众能进入观看者的角色，表演者的服饰和发型首先应吻合表演主题，其次是穿着合身。

（四）茶器具雅致

表演用茶器具是表演者的道具，应质地、色彩、形状和谐，排列组合美观，用起来得心应手。最佳方案是表演者的道具是专用的，经常使用的。

（五）语言表达

语言表达应清晰流畅、声音悦耳动听。内容应与主题相吻合。有些茶艺表演在表演过程中不宜讲话，可在表演前予以表达。

二、茶艺表演基础理论

茶艺表演可分为三个内容，其一是茶艺，以沏泡一杯好的茶汤为中心，辅之以"雅化沏泡茶的感觉意境"，前面已阐述；其二是表演，表演是提供观众审美的愉悦，提供给观众精神文化的需求，通过布景、服饰、灯光、音乐、插花等营造表演氛围，用肢体语言表达某一种意境；第三是茶艺表演的主题，表演的所有一切是为了反映茶艺表演的主题。

（一）茶艺表演的由来

在中国很长一段历史时期内，并无茶艺表演的记载，"茶艺表演"作为专有词汇，也是 20 世纪末形成的。追本溯源，从中国最早的茶道萌芽时期晋代开始至茶道大行的唐代，尚无茶艺表演的记载。但唐代陆羽和常伯熊因善于煎茶，被李季卿请去试茗，与现在的茶艺表演相似。宋代，兴起斗茶，筅茶乃至运匕成像，被时人称为"茶百戏"，可想而知，观看的人肯定不在少数，既能称"戏"自然是一种表演内容了。明代有朱权茶道、清代《红楼梦》中有妙玉"茶烹梅花雪"的演示，说明茶艺表演历史源远流长。

（二）现代茶艺表演的兴起

现代茶艺表演与唐代常伯熊的表演内容有所不同，但形式相似。它的兴起是近二十几年内的事情，兴起的客观原因大致可分以下三点：

其一是日本茶道作为东亚文化圈中的一种独特文化现象，闪烁在世界文化圈中，四百多年一直存在。因日本茶道源自中国，国际茶文化的交流促进中国复兴茶道文化。

其二是中国改革的进程，提高了综合国力以及人们的物质生活，在国运兴盛的年代，人们丰衣足食后，满足了物质生活的情况下，需要不断满足精神文化生活的需求。

其三是台风东来，南风北渐的茶艺馆现象。20 世纪 80年代开始，台湾茶艺馆的兴起，尔后，茶艺馆首先在改革开放前沿的城市和地区出现，如广东、福建、浙江、上海等地；90 年代茶艺馆发展呈现燎原之势，遍及中国大中城市。格调独特、氛围宜人，使人们对茶艺的追求面迅速扩大，茶艺爱好者及受茶艺熏陶者日益众多。在上述因素的综合推动下，促进人们想更多地了解茶艺茶道，观看的过程也是学习茶艺的过程，促进了茶艺表演的产生与发展。

国内较早形成的茶艺表演，结合了杭州西湖特产龙井茶与虎跑水及客来敬茶的习俗，经过艺术的提炼与加工，在20世纪80年代后期形成了"客来敬茶"这一茶艺表演，经过不断的改善与传承，成为"西湖龙井茶艺表演"，进入90年代各地逐渐开发了多种多样的茶艺表演。目前茶艺发展较好的地域有浙江杭州、江西南昌、云南昆明、上海、北京等地。

（三）茶艺表演的分类

茶艺表演的分类从不同的角度，可有不同的分类方法。即使在全国性的茶艺比赛上，人们仍以各自对茶艺的理解进行着异彩纷呈的表演，目前尚无统一的标准，理论体系尚需继续完善。有以所沏泡的茶为中心进行分类的：如乌龙茶茶艺、龙井茶艺、九曲红梅茶艺、花茶茶艺等，依据茶的品质特征，选配茶、茶具、水进行沏泡，比较注重科学性与茶的色、香、味、形品质特征的发挥，重在茶的沏泡技艺；有以沏茶用的主要茶具分类：如壶泡法、盖碗泡法、杯泡法；有以表演者的类型分类：如农家茶艺、宗教茶艺、宫廷茶艺、白族三道茶、文士茶艺，注重传统文化与民族文化的表达与艺术欣赏；有些以它的文化背景来分类如：贵族茶艺、雅士茶艺、宗教茶艺、世俗茶艺，反映不同层次艺术取向，文化特征；有些以地域来分类如：岭南茶艺流派、江南文人茶流派等。各种类型的茶艺表演还在不断地完善过程中。

本文以表演所反映的文化内涵进行分类：可分为民俗茶艺表演、仿古茶艺表演、宗教茶艺表演、创意型茶艺表演。

在掌握茶艺的基础上进行的表演，提供人们物质享受的同时，轻松怡然地得到文化艺术的精神享受与审美情趣的涵育。以这种类型区分，涵盖面较大，相对容易理解、认识、掌握茶艺表演。

1. 民俗茶艺表演　取材于特定的民风、民俗、饮茶习惯，以反映地域文化与民族文化方面为主，经过艺术的提炼与加工。如"台湾乌龙茶艺表演"、"西湖龙井茶艺表演"、"赣南擂茶"、"白族三道茶"、"四川盖碗茶"、"德清青豆茶"、"潮州功夫茶"、"掺茶"、"闽南功夫茶"、"傣族烤茶"、"畲族新娘茶"、"富春茶社的魁龙珠"等。

2. 仿古茶艺表演　取材于历史资料，大致反映历史原貌为主体的，如"公刘子朱权茶道表演"、"唐代宫廷茶礼"、"宋代斗茶"、"宋代三清茶"、"清宫茶艺"、"上海往事"、"陆羽茶道"等。

3. 宗教茶艺表演　取材于宗教文化，旨在反映传统文化中宗教思想内容，客观上也反映了茶禅一味、茶道一体的历史渊源。如"禅茶表演"、"观音茶艺"、"罗汉茶"、"佛茶茶艺"、"道茶表演"。

4. 创意型茶艺表演　本文把不属于上述三类的茶艺表演，均划入这一类型中，它取材于特定的内容，反映特定内涵为主体，或以茶为载体或以茶为主体的，绝大多数是加工创意开发的。

（1）以茶的品质发挥和改良为主体。如"兰花茶茶艺"、"普洱茶茶艺"、"海派功夫茶"、"花茶茶艺"。

（2）以解说配动作，比较注重动作解说与沏茶程序的完美结合。如"乌龙十八式"、"三十六式"、"茉莉花茶茶艺表演"。以动作为主体，解说为辅助的，如"武术茶艺"。

（3）以音乐配以动作造型的，较注重动作造型艺术，如"梁祝茶艺"、"梅花三弄"。

（4）舞蹈型茶艺表演，注重舞台效果，气氛活泼。如"白族三道茶茶艺表演"是在歌舞的基础上改编创作的。如×××××××编创的景宁"畲族迎客茶茶艺表演"有三道歌、三道舞、三道茶，观赏性比较强；舞蹈型茶艺表演要求来源于生活，反映生活。这类表演可列到民俗茶艺表演类，因有较多的肢体语言表达，单独列至此类。

（5）以意境的营造与艺术氛围的表达为主体，结合茶的品质特征发挥的。如"和风呓语"、"幽兰出谷"、"高山流水"、"踏青品茗"等。

相对而言，前面三种具有较多的文化内涵，文化积淀更为厚重，包容性较大，人们易于接受、容纳，但创作面狭窄，内容具局限性。创意型茶艺表演的挖掘与开发使茶艺表演内容更丰富，形式更加多样化。但缺少传统文化资源作为基础，人们对有些表达创意不太能够理解清楚，使得它们的内涵不够丰厚。不断完善是茶艺表演丰富多彩的途径。

（四）茶艺表演的服装与发型

既然是表演，应该有表演的服装，表演服装与发型将有效地衬托所表演的主题，使观众集中注意力，容易理解，认同茶艺表演。表演服装与发型的式样、款式多种多样，但应与所表演的主题相符合，人们还考虑服饰和茶具的照应与调和。服装应得体，衣着端庄、大方，符合审美要求。如"唐代宫廷茶礼"表演，表演者的服装与发型应是唐代宫廷服装与发型；如"白族三道茶表演"以白族的民族特色服装；"禅茶表演"则以禅衣为宜等。

表演服饰忌折皱。女士的着装，常见的有色彩典雅的绸布旗袍、蓝印花布服饰，宽袖斜对襟衫，腰身自然收缩。裙子以长裙齐地，较为大方。男士以青色、灰色、玄色居多，有穿长衫，有穿对襟布褶扣圆领衫的。下身一般色调较深，体现稳重、得体的感觉。服饰宜宽松自然。一种茶艺表演，一般用一种统一的服装与发型，以体现韵律的美。不统一的服装，容易产生不和谐的感觉，这在茶艺表演的评比中很容易体会得到。有些茶艺表演服饰与发型不尽一致，是为了体现某时代的主仆关系，体现某时代的特定人物背景，或者是体现了某种民族特色等。如果单纯为了区别主泡与副泡而在服装与发型上有所区别是不太适宜的。而在男士与女士同台表演时很少要求表演者穿相同的服饰与发型。

因而茶艺表演的服饰与发型统一的原则是同时代的——某一民族的——某种生活环境的。如"唐代宫廷茶礼"中有人穿唐朝的宫廷服饰与发型，有人穿戴明代的服饰与帽子便是败笔无疑，穿长衫的与穿西装的同台表演茶艺要在"相声表演"中才能见到等。茶艺表演的服饰与发型是一道流动的风景线，耐看、令人回味。纵观中国各地各种茶艺表演的服饰与发型，均折射出中国传统文化的意蕴，而少有穿西装、打领带、无袖衣、半透明衣和超短裙的，或者说少有头发染成红色的、黄色的、女士发型成男式的等。

（五）茶艺表演的环境

茶艺表演的环境选择与布置是形成表演氛围的重要环节，表演环境选择大致分两类。一是室内，应无嘈杂之声，场所干净清洁、窗明几净；二是室外，场所也须洁净，环境宜茶或神清气爽之佳境，现在多选择公园或广场。

然后是布置表演场所，预备观看者的场所以及座椅，奉茶处所等。要求有表演的区块与观众观看的区块，没有观众的区块，观众无法停留或坐下，则形不成表演与观看的互动交流。

各种茶艺表演按各自的表演类型布置各具特色的茶艺环境，是艺术创作的一个重要内容。贴上几幅旧上海的美女广告，一个老掉牙的留声机发出的 20 世纪 30 年代的流行歌声，便能把大家带入旧上海；悬挂一匹宽而纤细的竹帘，能让人意会到丝竹的江南；棕黄色的台布、布置香炉给人以寺院、道观的印象等。

（六）茶艺表演中的音乐配置

音乐能营造感觉意境，在茶艺表演的场所，如没有弥漫在空间的旋律，观众会感觉到空荡荡的，有适宜的音乐充满整个空间，感觉效果会变的丰满，能引导观众进入表演主题的意境中，使表演趋于完美。相宜的音乐也能改善人的中枢神经系统本身的机能，动荡血脉、畅通精神、调和性情，促进身心健康。美妙的音乐在表演的氛围里融入到你的心灵深处，感觉心灵舒展、消除了疲惫与紧张。当它的旋律与心灵的需求达到某种和谐共鸣时，会产生一种难以尽释的激情，认同表演的效果。

音乐声响起，观众容易进入观者的角色，而表演者也容易进入表演者的角色。如服装一样，使观众产生茶艺表演的认同感，茶艺表演的音乐大多采用传统的、民俗的、地域文化的、或大自然的。但所配音乐与茶艺表演的主题应该相符合。正如服装与茶艺表演主题相符合是一样的，均有助于人们对表演效果的肯定与认同。如"西湖茶礼"用江南丝竹的音乐，"禅茶"用佛教音乐，"公刘子朱权茶道"用古琴音乐等。

当茶艺表演进入到细腻审美，观众也有高雅的审美情趣追求的情况下，至此茶艺表演中的音乐会变的多余，甚至于影响到审美，不再配置音乐。

（七）茶艺表演中的礼仪

中国是文明古国，礼仪之邦，素有客来敬茶的习俗。茶是礼仪的使者，可融洽人际关系。礼仪代表着人们的修养，是文明的体现。提倡礼仪，在和谐社会的建设可起到重要的作用。

在各种茶艺表演里，均有礼仪的规范。如"唐代宫廷茶礼"就有唐代宫廷礼仪，"禅茶"中有敬茶（奉茶）之后，僧侣对客人的礼仪。日本茶道中有主人对客人的礼仪，客人对客人的礼仪，人对器物的礼仪。在"台湾乌龙茶茶艺表演"中，表演者对客人光临的礼，感谢观看的礼，奉茶后向客人鞠躬致意的礼等等。

在行礼时，行礼者应该怀着对对方的真诚敬意进行行礼。行礼应保持适度、谦和，是从内心深处发出的敬意体现到这礼仪中，包括眼睛的视角、动作的柔和、连贯、摆动的幅度等。

茶艺表演中讲究行礼姿势优美规范，这是初期倡导者的着力点之一，实际上期望通过茶艺文化的弘扬，宣传礼仪文化。实际上茶艺表演中的礼仪存在于茶艺表演的每一个瞬间，只有从内心而发对他人、对世界事物的尊敬，才能在表情、眼神、动作中体现出来。广而言之，茶艺表演中的礼仪可延伸到茶艺表演之前和之后，如器具、服饰、发型、茶、水准备，场所整洁。如茶艺表演之后的器具整理、言行举止、送别客人等。

（八）茶具与主题协调及与周围器具的艺术处理

茶具与表演主题协调是我们比较容易理解的，如民俗茶艺表演，选用具地方特色或民族特色的相应茶器具，如"傣族烤茶"用陶壶烧水、烤茶罐烤茶、泡茶，小陶杯饮茶；"四川掺茶"用长嘴铜茶壶和盖碗泡茶；"唐代宫廷茶礼"用仿唐代宫廷的茶具；泡名优绿茶如龙井茶用敞口厚底玻璃杯；泡乌龙茶，选用保温性较好的紫砂壶等。

茶具与周围器具的艺术处理主要体现在视觉效果与艺术氛围的表达上，如把3只玻璃杯放在泡茶台上显得生硬而单调，而玻璃杯用细竹漆茶托作承，再用茶盘盛装，泡茶台上铺放柔软的台布，视觉会层次丰富，具材质变化韵律的节奏感与对比性。颜色也需有相适宜的对比与调和，整体上感觉协调一致，层次上有变化与对比，如以青花茶具沏泡，用嫩绿细竹垫为底，让人有神清气爽的感觉。在茶具的形式和排列上可考虑对称、协调，以中轴线为中心，两侧均衡摆设，茶具在整体上要有排列平衡感，较符合传统审美观念。艺术处理主要体现在对茶器具的质感、造型、色调、空间的选择与布置，增加观赏美感，丰富表演的形式。

三、茶艺表演的鉴赏

茶艺表演的鉴赏从不同的角度切入，均可有不同的结果，虽然仅是一席之地，但鉴赏细腻，内容就十分繁杂，若没有一个框架和条理，很难理出一个头绪。这里就以三种身份的人对茶艺表演进行鉴赏，简单叙述。

第一种是茶艺表演大赛时评委的打分，按理是根据评分标准进行的，其评分内容大致是，茶器与茶的选配要合理；沏泡茶程序合理，不能颠倒或缺失；动作过程要流畅，不能停顿；讲解吐字清晰、声音悦耳；茶器具、茶席设计赏心悦目，质地、色彩、形状和谐；服饰、茶器、音乐、环境等所有配置应与表演主题相符；茶汤色、香、味俱全等。但评委的打分往往有印象分，就是整体感觉，即意境美。

第二种是普通观众对茶艺表演的评价，要求赏心悦目，悦耳动听。看茶艺表演若有较多的肢体语言，动作幅度较大，有起伏，有快慢节奏，有变化，看的津津有味。比较典型的是四类，一是反映佛教文化的，有许多的手印与佛家礼表达，在音乐氛围的营造下，能取得较好的观赏效果；二种是长嘴壶表演，"苏秦背剑"、"金鸡独立"、"双龙抢珠"等造型动作幅度大，茶壶长、不同寻常的泡茶方法，观赏效果不错；三是陕西扶风县法门寺的"唐代宫廷茶礼"，多人参与表演，已接近戏曲艺术；四是舞蹈型茶艺表演，若配合情节变化，会取得较好效果。若茶艺表演形式单一，内容大同小异，普通观众就会索然无味。

第三种人是行家，对茶艺表演分为下品、中品、上品、神品四个层次。下品是没有表演主题，色彩、质地花杂，没有节奏美感，讲解没有听觉享受，动作拙劣，表演者素质不够等等；中品，什么东西都不缺、程序、讲解、音乐都有，就是缺少审美的愉悦；上品，表演者有一定的素质，动作优雅大气，指法细腻、举手投足均有法度，动作连贯，流畅娴熟；所配置的物品均广为润色，能烘托表演主题，观众能获得审美情趣的满足。

神品，表演者有相当高的素质，虽然动作幅度不大，起伏变化不多，但气韵生动，适宜具有相当审美情趣的观众欣赏，它的特点是表演者具有相当高的审美情趣，环境选择、茶案布置、服饰发型均可细细审美，与前一类不同，它以静、雅、和、清取胜，以素雅、自然、质朴、清新为特点，"简单是美"得到观众的普遍认同和共鸣。这一类茶艺表演，聚集焦点在表演者身上，俟表演者进入茶席，整个茶席就熠熠生辉，哪怕没有任何动作，均十分耐看，人仿佛是茶席的一部分，茶席因人而生动，人"剑"合一。观众目不转睛，看后能细细品味，回味悠长。至极处，已不能用茶艺表演一词，更确切的表达应是茶道表演，因为人们对"道"的理解，更多是脱俗，无烟火气味。这无疑对表演者的素质提出更高的要求，表演者要注重内修，有高雅气质，从骨子里面透出一种仙风道骨的清韵。这类表演以一人表演为佳，配以助泡人员有画蛇添足之忧，当然表演完成之时有人辅助奉茶或整理器具是可以的。

长嘴壶茶艺

第十二讲
茶会活动组织与策划

茶艺文化传播需要一定的场合，各类大小茶会活动是茶艺师参与、交流的理想场所，通过交流开阔视野，结识更多志同道合的茶友。茶艺师个人亦可举办小型茶会，如中秋品茗会，新春品茗会之类，通过茶会活动，让更多的人感受雅艺文化，增进社交礼仪运用能力，培植审美情趣。当单位或团体需要举办茶文化活动时，茶艺师能主持策划活动，并予以组织实施。

一、组织无我茶会活动

无我茶会是一种茶会形式。其特点是参加者都自带茶叶、茶具、人人泡茶、人人敬茶、人人品茶，一味同心。在茶会中以茶传言，广为联谊，忘却自我，打成一片。由台湾陆羽艺中心蔡荣章先生先行建议和构思，陆羽茶艺中心所属陆羽茶道教室的同学们进行实习，于1990年6月2日在台湾妙慧佛堂举行首次佛堂茶会。经数次改进与实践，于1990年12月18日进行了首届国际无我茶会。茶会由陆羽茶艺中心主办，会场可设在雅净的室内，更多的是利用风景秀丽的露天空旷地。人数不限，不分肤色国籍，不分男女老幼，不分职业职位，精神在于心灵沟通，一味同心。

无我茶会是一种"大家参与"的茶会，其举办得成败与否，取决于参与者的默契与配合。无我茶会讲究无尊卑之分、无"求报偿"之心、无流派与地域之分、无好恶之分，求精进之心，遵守公告约定，培养集体的默契与团体律动之美。

（一）何谓"无我茶会"

无我茶会是一种茶会的形式，人人自备茶具、茶叶，围成一圈泡茶。如果规定每人泡茶四杯，那就把三杯奉给左边三位茶侣，也可规定奉给左边第二、第四、第六位茶侣，最后一杯留给自己。如此奉完规定的泡数（如规定泡三道）聆听一段音乐演奏后（也可省略），收拾茶具结束茶会。

（二）座位如何安排

座位由抽签决定，也不设贵宾席、观礼席，但可以有围观的朋友，表现无尊卑之分的精神。席地而坐不但简便，而且没有桌椅的阻隔，人与人间更为坦然密切，只是应该准备一块方便携带的坐垫。

（三）单边奉茶的意义何在

每人奉茶给左边的茶侣，但喝到的茶却来自右边，这种奉茶法目的在训练人们"放淡报偿之心"。

（四）茶叶如何携带

茶叶每人自行携带，种类不拘，"也可以事先规定带哪类茶"。茶叶事先放入壶内，不另备茶罐。由于茶系自备，每人喝到可能是每杯都不一样的茶，希望大家以超然的心情接纳。

（五）带哪类型的茶具，以何种方法泡茶

茶具与泡法皆不受拘束，"无地域与流派之分"。但备具有"简便"的规定，因此才有足够的心情与时间，享受茶会的意境，防止器物精致的竞赛。

（六）茶泡坏了怎么办

要专心泡茶，而且事先有较多的练习，否则茶泡坏了对不起自己，对不起别人，对不起茶，这是无我茶会"求精进之心"的观念。遇到泡坏了的茶汤，只好以宽容的心接纳。

（七）茶会进行间可以说话吗

泡茶之前的茶具观摩与联谊时间可以走动、交谈、拍照留念。开始泡茶后就不可以了。奉茶时不要说请喝茶，被奉茶者也不要说谢谢，但鞠躬感谢的心依然需要，别人前来奉茶时不要中途离席出去奉茶。茶会进行中没有指挥与司仪，大家依事先排定的程序进行，再加上大家都不说话，也没有音乐陪衬，不但显现空寂的境界，且表现团体行动自然协调。在社教功能上还可培养大家遵守公共约定的习惯。

（八）如何求得进度的一致

茶会之前不但要为没参加过无我茶会的人举办说明会及演练，还要发给每人一张公告事项，说明茶会进行的程序与时间。报到抽签后还要有对表的动作，动作慢的要快一点，动作超前的要放慢一些。若大家都挤在一起奉茶时，不妨先跳到不挤的地方，这些都是培养团体默契的方式。

需举办"无我茶会"活动，应通知欲参加者，并事先选择好场地，一般安排在室外，公园、草地，可在场地周围插红、绿、黄色旗子，挂横幅、放汽球营造氛围，入场口应有人接待，抽签。并有"无我茶会"告示牌，告示相关活动程序和安排。保险起见，应预备室内场地，以防雨天。当大家布置好茶席后，可相互观摩与交流。当开始泡茶后，就默默泡茶、奉茶、品茶了，品茶结束，或有欣赏音乐，结束后整理干净茶席周围的一切，打包，可以回程了。

二、主题茶文化陈列展览策划

当一个单位或一个团体组织大型茶文化活动时，需要举办与主题相吻合的茶文化展览，或者需要以茶文化展览营造一定的茶文化氛围，均需要茶艺师进行展览策划，或参与策划，尽可能以较低的成本获得良好的社会效益，进而促进本单位、本地区社会经济文化的发展。

如杭州原以自然景观著称于世，但国内外游客逗留时间不长，20 世纪 80 年代，在杭州西湖四周兴建茶叶博物馆、中药博物馆、陶瓷博物馆、丝绸博物馆等人文景观，丰富了杭州的旅游资源，促进了杭州文化名城、旅游城市的建设，大量游客的吃、住、行、购物促进了杭州经济发展。

与上述相类似，当一个单独的景点有大量的游客进入参观，参观内容单一，流速过快，可设立与景点时代、内容相符合的茶文化陈列，丰富参观内容，延长游客逗留时间，加深游客、顾客对此单位、景点的印象。同时又可适当提高经济效益。现在有愈来愈多的地区、景点、茶单位设立茶文化陈列展览。丰富本地区、当地景点、茶单位的文化内涵。

茶艺馆内开设主题茶文化陈列，如"历代茶具展"、"宋代民俗茶文化展"、"紫砂茶具展"等，可邀请媒体宣传，促进雅艺文化的传播，可以提升茶艺馆的社会知名度，形成茶艺馆的浓郁茶文化氛围，进而促进经济效益。空间场所可利用茶艺馆的原有陈列场所。

当确定开展茶文化陈列展览后，策划内容首先是确定陈列展览的主题，最好能与本地区、本单位、本景区的主题相呼应；然后根据场所、内容及将吸引的参观者人流量确定陈列展览规模大小，然后是陈列展板设计，应踏勘现场，确定陈列柜大小、展版大小与数量，展版应图文并茂，有陈列前言，展版应与实物陈列相互呼应。展板制作应色彩悦目，展版内容应翔实科学，可考虑请专业人士参与。

陈列物品是展览的核心，其来源可以征集收藏或借展。应妥善保管，确保展品安全，移动展品应请专业人士进行，以免损坏。每一展品应有说明，或中英文说明，光线应明亮。最后是讲解员的培训，普通话应标准，讲解能流畅，茶艺师担任讲解员是符合专业要求的。

三、茶艺表演会演和茶艺表演竞赛组织策划

当一个单位、一个地区或城市举办大型茶文化活动时，为了吸引更多的茶文化爱好者参与，并营造活动的亮点，往往会组织进行茶艺表演会演。往往是多家单位派出茶艺表演队参与表演活动。一种方式是在一个大型表演台上进行表演，在主持人的主持下，多家单位的茶艺表演队轮流上场表演；另一种方式是多家茶艺表演队各自布置好茶席，可以相互观摩，依次进行表演活动。

茶艺表演竞赛与茶艺表演会演性质类似，竞赛有评委打分，评出的前几名，有相关奖励措施。茶艺表演竞赛往往有人力资源与社会劳动保障相关部门参与主办，前几名可晋升职业技能等级。

茶艺表演（技能）大赛策划内容一般如下：

1. 策划方案　确定主办、协办、承办单位，研究落实资金、承办人员、场所。

2. 发放通知书　通知相关部门与单位积极参与，有报名单位和地点及截止日期：××××年××月××日。时间：活动日期××××年××月××日，地点：××××××场

地。活动名称，主办单位：×××××单位，协办单位：×××××单位，承办单位：×××××单位。参赛人员：茶相关单位和茶艺茶道从业人员和茶艺爱好者。

3. 来宾接待　住宿、餐饮、交通安排、与媒体联系、编写新闻通稿。

4. 会场布置　会场包括主席台、表演台、评委席、观众席、宣传牌（如横幅、彩旗、气球等）。

5. 后勤工作　由于大型茶会内容多，因此后勤工作十分重要，必须分工落实，茶艺表演的场地、桌、椅、开水、音响的准备，资料礼品的发放都要一一落实。

6. 资金筹集　资金来源上可请冠名权单位、主办单位、协办单位等筹集。

7. 活动指南书　当宾客报到时，发给活动指南书，方便参加者明确相应内容。活动指南书内容应包括：活动名称全称，主办单位、协办单位、承办单位全称。来宾须知：有活动报到的地点、联系人；会务接待的联系人；就餐、住宿、车辆相关联系人及电话；用餐时间、地点；活动具体内容和时间安排，及其他事项安排。若有参与活动人员名册及联系电话更佳。

若竞赛组织策划还有竞赛内容、竞赛规则等，发"茶艺表演（技能）大赛通知"确定报名、考核、比赛的时间、地点；确定相应的评分、奖励标准；公布成绩的日期、颁奖日期；接受报名的单位与地点，组织理论考核（淘汰一部分），组织茶艺大赛预赛（规定项目比赛）（淘汰一部分），组织茶艺大赛决赛（自选项目比赛）；组织茶艺技能大赛颁奖和获奖者献艺表演，活动结束。

组织策划茶艺竞赛涉及的具体内容有：

（1）"茶艺技能大赛组委会"成员、联系人、负责人。

（2）受"茶艺技能大赛组委会"委托，起草"茶艺技能大赛预案"。

（3）确定"茶艺技能大赛"通知。

（4）茶艺技能大赛参赛选手报名日期和报名表。

（5）专家评委人员组成，正规的评委应有国家相关部门颁发的茶艺竞赛裁判员证书。

（6）茶艺技能大赛"理论知识试卷"内容，考试日期，评分标准和评分人。

（7）茶艺技能大赛的"茶艺技能评分标准"制订。

（8）茶艺技能大赛的技能预赛日期、地点通知。

四、茶博览活动的组织与策划

一个城市、一个大型的单位或茶文化团体举办茶博览活动，可以吸引周边或中国各地甚至世界各地的茶人参与盛会，对于主办方来说，是一次极好的文化交流活动，增进各地茶人对本地区、本单位的了解与友谊，更能以此促进本地区的经济和文化的发展。茶艺师作为专业人士，有一定的茶专业知识和技能，并有相应的专家队伍作为后盾，可以积极参与或策划此类活动。此类活动最早从杭州开端，至在今全国各地兴起，如上海、广州、北京、成都、大连、宁波、哈尔滨、武夷山、西双版纳州、云南普洱市、郑州等地，并且往往延续活动，逐年扩大。

茶博览活动，以在一个比较集中的区域为佳，需要有大面积的场地，可以形成博览的概念。往往以大型的展览馆依托，或在一个相对集中的公园、广场举办。内容有：各国、各地茶叶产品、茶器具、茶食茶点、茶书茶刊物、茶饮料、茶包装、茶音像制品售卖等；各国、各地、各类观赏性较好的茶艺表演、茶文化陈列展览、茶文化论坛、研讨会、讲座、名茶推介会；斗茶比赛、茶谜竞猜、名茶评比；现场炒茶、陶艺制作；无我茶会活动、万人品茶；名品茶叶、茶具拍卖等。

茶博览活动实施需要当地各方人士的倾力支持，它能促进一个城市经济和文化的发展。世博会在上海的举办就是例子。茶博览的良好实施与成功举办，还有赖于各地茶人的积极参与。茶艺师参与茶博览活动可以开阔视野，增进茶文化各方面的素养。

茶博览活动的组织与策划，许多内容与前面活动组织策划相似，但其内容十分丰富，需抽调相当多的人员来完成。首先是成立组委会和相关人员，落实场地和展位，接下去的重点是招商，吸引各国、各地茶商前来参会，招商工作的好坏是决定展会成败的关键，要尽早安排，采取多种形式进行招商活动，可以利用新闻媒体进行宣传报道，可以在相关电视和报刊、专业杂志刊登广告。

然后是邀请各地相关单位与人员参加茶艺表演、茶文化论坛、研讨会、讲座等，尽早安排落实。接下来还可把邀请函、参观券送到机关、街道和企事业单位，让茶博会在本地形成氛围，深入人心。

茶博览活动的组织与策划实际上是展览经济，最后还看经济效益高低，组织与策划成功的一个重要因素是把无形资产转化为有形资产，如参展商的参展费用、会务费、会刊广告费、门票收入、各类活动的冠名权转让费、横幅与气球挂条幅费及赞助费等收入。

主要参考文献

陈宗懋.2000.中国茶叶大词典.北京：中国轻工业出版社.

王镇恒，王广智.2000.中国名茶志.北京：中国农业出版社.

钱时霖.1989.中国古代茶诗选.浙江：浙江古籍出版社.

陈祖槼，朱自振.1981.中国茶叶历史资料选辑.北京：中国农业出版社.